人と宇宙が紡ぐ風物詩

誰でも楽しめる星の歳時記

浅田英夫

まえがき

天文学というと，物理学や数学の難しい世界の学問と思われがちだが，決してそんなことはない．天文学の基本は楽しく星空を眺めること．なぜなら，私たちは太古の昔から星空とともに暮らしてきた．だから，星はさまざまなシチュエーションに登場する．

たとえば，時の流れを刻むカレンダーは，天体の運行が基になっていて，太陰暦は月の満ち欠けを，太陽暦は太陽の動きを基準にしている．また，古代遺跡の多くは，春分・夏至・秋分・冬至の日を定めるために建てられたものが多い．エジプトのピラミッドは，星の位置を示しているという．

古典文学にも星が出てくる．清少納言の「枕草子」には「星は昴」という有名なくだりがある．藤原定家の「明月記」には，たくさんの天文現象が記述されている．音楽の世界も，星や月をモチーフにしたものが多い．ホルストの組曲「惑星」や，ドビュッシーの「月の光」などは有名だ．

このように，星空や宇宙は，天文学や数学・物理学だけでなく，暦学，考古学，歴史学，文学，音楽，哲学まで，さまざまな学問とリンクしていることがわかる．

本書は，星空や宇宙を，生活に密着したもっと身近な角度からとらえていただきたいと，天文学を“天文楽”という切り口で，さまざまな定説・俗説・仮説をおりまぜながら，歳時記風の読み物にまとめてみた．

悠久の時の流れを越えてつながる“天文楽”の世界を楽しみ，本当の星空を見上げていただければ幸いである．

CONTENTS 目次

星を眺める前に

太陽も星も東から西へ巡る

太陽が東の地平線から昇ると，朝がやってきて，南の空を通って昼になり，西の地平線に沈んで夜が訪れる．また，季節の変化とともに，夜空に見える星座が移り変わって行く．私たちはこんな自然の営みの中で太古から生活をしてきた．

■時間とともに東から西へ巡る星たち～日周運動

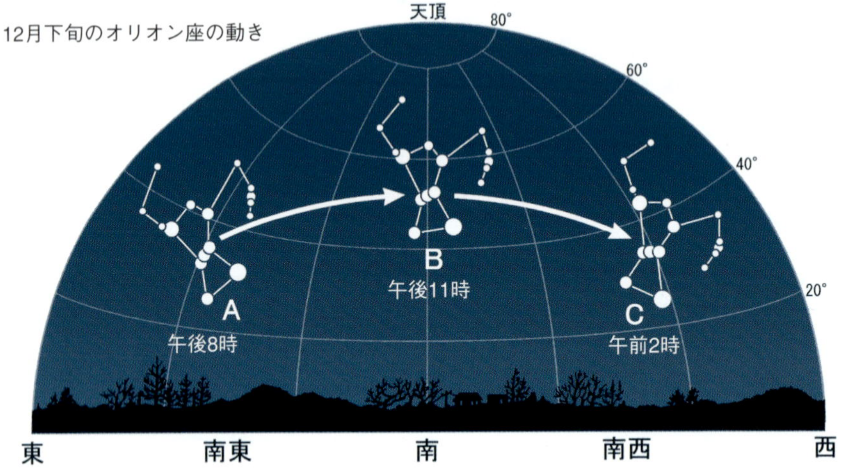

太陽が朝東から昇り，夕方西の地平線に沈んで夜になると，今度はたくさんの星が瞬き始め，東から西へと巡って行く．このような時間経過に伴う太陽や星の動きを「日周運動」と呼んでいる．

私たちの祖先は，そんな太陽や星の動きを見て，地球が宇宙の中心にあり，太陽や星が，地球の周りを回っているのだと考えた．太陽や星は，まるで無限に大きな丸天井に張り付いて，その天井が回るようにも思える．この大きな丸天井を，地球に対して「天球」と呼んでいる．日周運動の回転の中心は，北半球では地軸を北極からさらに北へ伸ばして天球と交わった点だ．この点を天の北極と呼び，そのすぐそばにある星が北極星．だから，天球が北極星を中心に24時間で東から西に1回転するように見える．

しかし，日周運動は太陽や星が地球の周りを回るのではなく，地球が回転軸である地軸を中心に西から東に1日1回転するために起こる現象であることを，私たちは知っている．

私たちの祖先は，日周運動で太陽や星が1回転する長さを1日とし，それを24等分して時間と言う単位を作った.

日周運動で星が回転する量は，24時間で360°なので，1時間当たり15°（360°÷24時間)，1°回転するのにかかる時間は4分（60分÷15°）となる.

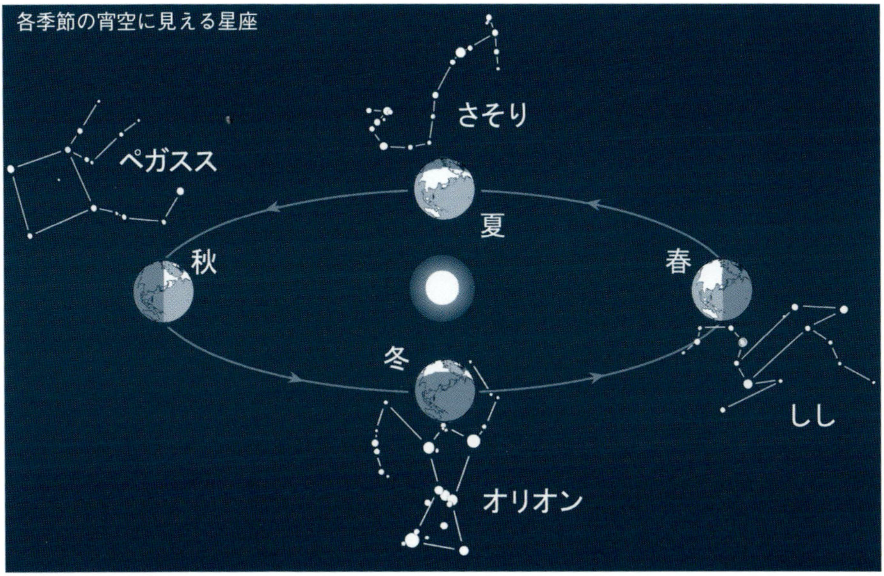

■季節とともに東から西に巡る星座たち〜年周運動

夏の宵空にはさそり座が，冬の宵空ではオリオン座が見えるように，同じ時刻に星空を見上げると，季節によって見える星座が移り変わって行く．このような星の動きを，「年周運動」と呼んでいる.

年周運動は，地球が1年かかって太陽の周りを1周（公転）するために起こる現象．私たちは地球というメリーゴーランドに乗って，外の景色（星空）を見ているのと同じ．私たちの祖先は，ある星座が昇り再びその星座が昇るまでの日数，約365日を1年と決めた.

年周運動によって，1日に星が回転する角度は約1°（360°÷365日＝0.986°）．地球の自転方向と公転方向は同じなので，1日の星が回転する角度は，日周運動で回転する360°と年周運動で回転する1°を足した361°ということになる．つまり，星空を毎日同じ時刻に眺めた場合，1°ずつ東から西へ回転するわけ．これを時間に直すと，星が南中する時刻は1日に4分ずつ早くなり，1ケ月後には2時間（4分×30日）も早くなる.

惑星と星占いの星座

私たちの地球とともに太陽を回る星「惑星」．全部で8個ある惑星のうち，水星・金星・火星・木星・土星は特に明るいので，古代の人々もすぐに気が付いた．しかもこれら惑星は，星空の中を奇妙な動きをするため，古代の人々の心を惑わした．

■不可解な惑星の動き

2012年の火星・木星・土星の動き

地球とともに太陽の周りを公転する8惑星．決まった軌道上を，一定の周期で同じ方向に公転しているだけなのに，地球から見るとなぜか星空の中を進んだり戻ったり，不可解な動きを見せながら移動してゆく．

この理由は，惑星が太陽の周りを回る速度が，内側の惑星ほど早く外側の惑星ほど遅いことにある．たとえば地球から火星を見る場合，火星の公転速度の方が遅いので，地球は必ず追いつき並んで追い越すことになる．そのとき地球から見た火星の見かけの動きは，西から東に動いていたのがいったん止まって，今度は東から西に動くように見える．そして，また西から東へと動き始めるのだ．しかも5つの惑星の軌道は，ほぼ同じ平面に入っているので，太陽が天球上を1年かかって動いて行く道「黄道」に沿って，この行ったり来たりをするのである．

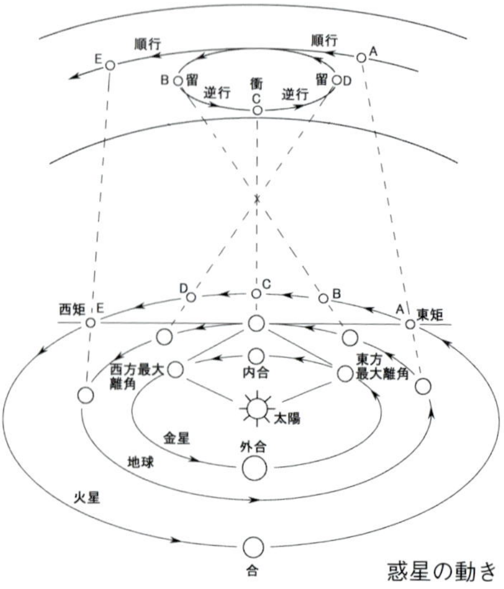

惑星の動き

■星占いの始まり

5000年ほど前，チグリス･ユーフラテス川のほとりで，羊飼いをしていた古代バビロニアのカルディア人たちは，毎晩星空を眺めて，こんな不可解な動きをする5つの明るい星を発見したのだから，きっと大騒ぎだったに違いない．「これはきっと国や人の運命を操っている星に違いない」と思ったのだろう．

そうなると5つの星の位置が，とても重要になってくる．それを示すために作られたのが，黄道に沿って描かれた12個の住所，つまり星座だった．これが，星占いではもうおなじみの黄道十二宮，おひつじ・おうし・ふたご・かに・しし・おとめ・てんびん・さそり・いて・やぎ・みずがめ・うおだ．太陽や月，惑星たちは，この12個の星座の中を移動してゆく．

星占いは，生まれた日に太陽が輝いていた星座を誕生星座とし，それぞれの惑星に意味を持たせ，誕生星座に入っている惑星，また他の惑星との位置関係などで，運命や相性を占うのである．

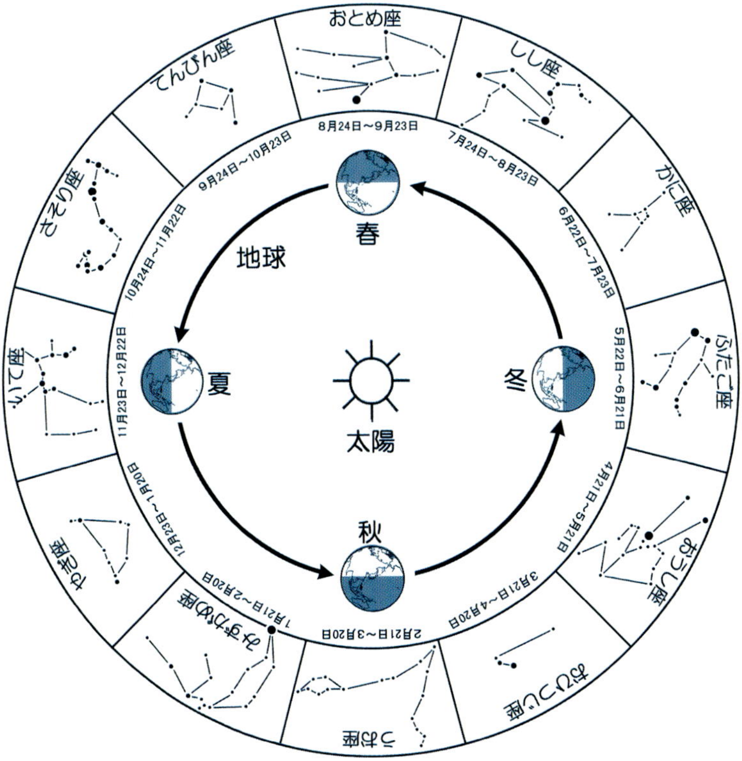

満ち欠けしながら東へ巡る月

月は，地球の周りを回る衛星．大きさは地球の直径の1/4強，距離はおよそ38万km．地球に最も近く肉眼で模様が見える唯一の天体．月は，太陽や星とともに，私たちの生活に大きくかかわってきた．おかげで月を愛でる文化が生まれた．

■満ち欠けする月

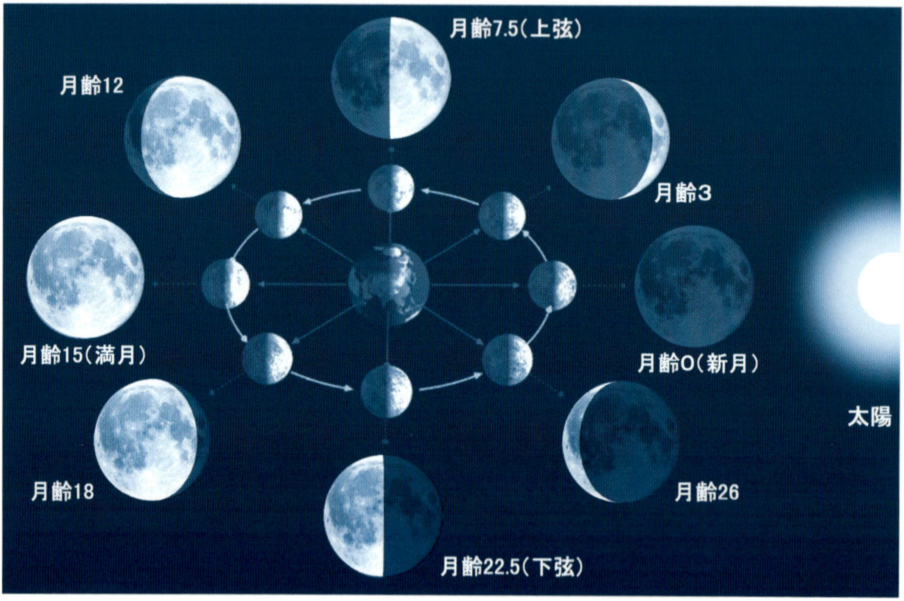

月は，三日月になったり，半月になったり，満月になったり，見えなくなったり，その形を刻々と変えてゆく．これが月の満ち欠け．そのわけは，月は太陽の光に照らされて，いつもその半面だけが輝いている状態で地球の周りを回るため，太陽と月と地球の位置関係で，輝いている部分の見える量が変化するから．月は約29.5日で満ち欠けを繰り返している．1年を12に分けた単位を「1ヶ月」と言うが，そう呼ばれるのは，月の満ち欠けの長さがほぼ1ヶ月に近いことから，「月」の字があてられた．

「菜の花や月は東に日は西に」という与謝蕪村の句がある．この情景を思い描いてみよう．西に傾いた夕日が菜の花の黄色をより鮮やかに染めながら，日が暮れてゆくころ，東の空には満月が顔を出しているといった感じ．なぜ満月だとわかるかというと，この情景は，地球を中心にまさに太陽と月が西と東に180°離れた関係にあるからだ．左の図を見てもわかるように，地球からは月が照らされている部分すべてを見ることになるから満月．ちなみに，夕方見える半月を上弦の月と呼ぶが，この月は，太陽が沈むときに南の空に見える．つまり太陽と月と地球の位置関係が90°になっているので，照らされている部分と照らされていない部分が，半分ずつ見えることになるので，半月になる．この月が西に傾くと，月の弦が上になるので，上弦の月という．

ところで，月の満ち欠けを表す用語に「月齢」がある．これは，新月を0として，その時点から経過した日数のこと．月齢に小数点が付くのは，新月から12時間後の月齢は0.5というように，1日未満は小数で表すから．

■西から東へ動く月

月も太陽や星と同じように，日周運動によって東から西へと動いて行く．ところが，月は地球の周りを地球の自転と同じ方向に，太陽の向きを基準にすると29.5日で公転しているので，1日に約12°（360°÷29.5＝12.2°）西から東に動くことになる．つまり，ざっと1時間で0.5°（12.2÷24≒0.5°），西から東に動くわけだ．これは，月の見かけの大きさ分にあたる．

一見，月も太陽や星と同じように東から西へ動いているように見えるが，1時間当たり日周運動よりやや遅い14.5°程しか動かないので，私たちは月が太陽を隠す日食や月が星や惑星を隠す星食などの，ドラマチックな現象を見ることができるのだ．

また，1日に約12.2°西から東に動くということは，月の出時刻も遅くなるということだ．12.2°を時間に換算すると，1日に約48分月の出時刻が遅くなる．

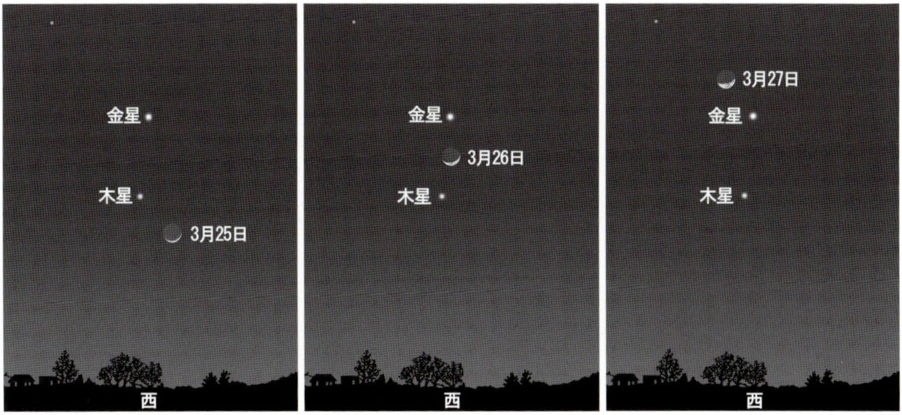

同時刻における3日間の月の動き．金星と木星の間を西から東へ動いていることがわかる．

星の名前あれこれ

私たちひとりひとりに名前やニックネームがあるように，夜空に浮かぶ星にもちゃんと名前が付いている．しかも，天文学で決められた名前，日本はもちろん世界各国で付けられた名前など，いくつもの呼び名を持っている．

■固有名とバイエル名

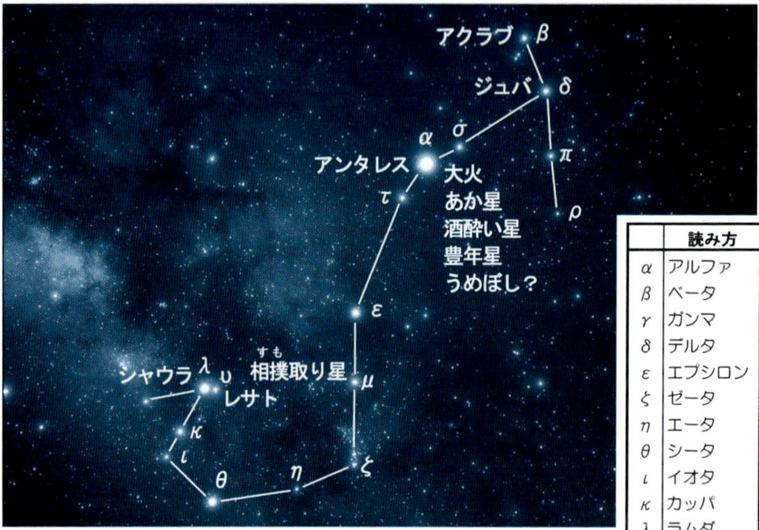

バイエル名

	読み方		読み方
α	アルファ	ν	ニュー
β	ベータ	ξ	クサイ
γ	ガンマ	ο	オミクロン
δ	デルタ	π	パイ
ε	エプシロン	ρ	ロー
ζ	ゼータ	σ	シグマ
η	エータ	τ	タウ
θ	シータ	υ	ウプシロン
ι	イオタ	φ	ファイ
κ	カッパ	χ	カイ
λ	ラムダ	ψ	プサイ
μ	ミュー	ω	オメガ

★固有名

明るい星や美しい星には，古代の人々が付けてくれた名前がある．アンタレス，シリウス，ベガといったように数十個の星に付いている．アラビア語，ギリシャ語，ラテン語の名前が多く，現代では世界共通の呼び名になっている．

同じ固有名でも，世界各地で付けられた名前もある．言ってみればニックネームのようなもの．たとえば，さそり座の1等星アンタレスはコル・スコルピイ（さそりの心臓）とも呼ばれ，中国では「大火」，日本では，「あか星」「酒酔い星」「豊年星」など，地方によってさまざまなニックネームが付いている．（140ページ参照）

★バイエル名

ドイツの天文学者バイエルが，星座ごとに明るい星の順（北斗七星のように例外もある）にギリシャ語のアルファベット24文字を付けている．この呼び方では，アンタレスは「さそり座α星」となる．ギリシャ文字24文字を付けてもらえなかった星たちには，こんどは英語のアルファベットの小文字（Aだけは大文字）が付く．

星空の歳時記

1月　睦月

■いくつになっても新年を迎えると，気持ちがリフレッシュするから不思議だ． ところで，1月のことを日本では古来から睦月（むつき）とも言うが，この語源は，正月は，身分の上下も老いも若きも関係なく，親族・友人達が一堂に会してお祝いすることから，睦みあう月という意味からきているそうだ．ネット社会の到来とともに，世界はギクシャクし始めている．5000年前から仲睦まじく光り輝くオリオン座を中心とする冬の星座たちを，屠蘇気分で見上げながら，今年こそ平和な年になりますようにと祈りたい．

1月 1 日：21時ごろ
1月15日：20時ごろ

星座たちは，何度新年を迎えても，何の変化もなく，いつもと同じように輝いている．オリオン座を中心に，三つ星を北西の方向に延ばすと，おうし座があり，南東の方向に延ばすと，おおいぬ座がある．当たり前のことだと言ってしまえばそれまでだが，何もかもがめまぐるしく変化する時代に，昔おじいさん，ひいおじいさんが見上げた星空を，自分も眺め，自分の子供も孫も同じ星空を見上げるのかと思うと，なんだか，過去と現在と未来は目に見えない絆でしっかり結ばれているように思えてきて，がらにもなく，妙に感動してしまったりする．

シリウスの謎

オリオンの三つ星を左下にたどって行くと，まばゆいばかりに青白く輝く星にぶつかる．全天で一番明るいおおいぬ座のシリウスである．その意味はギリシャ語の「焼き焦がすもの」．明るさは－1.5等で，これは1等星の8倍もの明るさになる．

■「新年」を伝える星

シリウスは，全天一の輝星だけあって，目立ち過ぎていたため世界中でたくさんの名で呼ばれている．星座を創ったとされるカルディア人は，この輝星のことをカク・シシャ（指導する犬星）と呼び，バビロニアでは，カッカブ・リク・ク（犬の星），アッシリアでは，カル・ブ・サ・マス（太陽の犬），中国では天狼（天のオオカミ）と呼ばれてきた．つまり，シリウスはおおいぬ座が生まれる前から，犬と関連付けられていたことがうかがえる．

またヨーロッパでは，7月，8月は焼けるような暑さになり，人に熱病をもたらし犬を狂犬にしてしまうのは，この時期に太陽とともに昇るシリウスのせいだと信じられていたという．

今から5000年ほど昔の古代エジプトでは，シリウスのことを「ナイルの星」，「イシスの星」として崇拝していた．日の出直前にシリウスが昇るころになると，ナイル川が増水して上流から肥沃な土を運んでくれたからだ．古代エジプトでは，このときを新年と決めていた．

■昔シリウスは赤い星だった？

シリウスの輝く色は，誰が見ても青白く見えるが，昔は赤く輝いていたらしいという説がある．この説は，1760年トーマス・バーカーが，「星の変化について」という論文を発表したことから始まる．その論文では，アラトス，キケロ，ホレース，セネカ，トレミーといった古代の作家や学者の文献にあるシリウスに関する記述を詳しく調べた．その結果どれも，「深紅色」「赤みがかった」「火のような輝き」など，赤色を表現する言葉で書かれているということなのだ．

今から3000年ほど前は，シリウスは本当に赤く輝いていたのだろうか？ シリウスが3000年前に赤色星であったということは考えにくい．ただ単に低空で輝いていたから赤く見えたのか，明るいと赤いを同じ意味にとらえたのか．ひょっとしたら，当時シリウスの伴星は，赤色巨星として輝いていたのではないかという考え方もある．しかし，たった3000年ほどで，赤色巨星が白色矮星に変化することができるのだろうかという疑問も残る．

結局，かつてシリウスが赤く輝いていたかどうかは，依然謎のままである．

■よろめくシリウス

1844年，ドイツの天文学者ベッセルは，シリウスの固有運動が直線的ではなく，50年周期でよろめいていることを発見した．そしてその原因は，シリウスの周りを周期50年で公転する伴星の仕業ではないかと考えた．しかし，その伴星の姿を発見することはできなかった．

それから18年が過ぎた1862年1月，その謎の伴星が偶然発見されたのだ．発見者は，アメリカの有名な望遠鏡製作者アルバン・クラーク．クラークは，自分が作った望遠鏡のテストをするために，ある夜，たまたまシリウスに向け，シリウスの脇で光る小さな星を偶然見つけたのだ．クラークの望遠鏡の性能の高さはもちろんだが，発見当時はシリウスと伴星の見かけの距離が離れていたときだったという幸運も手伝ったのである．

伴星の等級は8.5等で，シリウスの約1/10000の明るさしかない．直径はシリウスの約1/100しかないのに，質量は半分近くあるという白色矮星だということがわかった．

シリウスは，ささやかだがとても魅力的な恋人のとりことなって，よろめいていたのである．

除夜の鐘を聴きながら

全天で最も明るい恒星，おおいぬ座のシリウスが南中する20分ほど前に，シリウスに次いで2番目に明るい恒星，りゅうこつ座のカノープスが，南の地平線スレスレのところに南中する．この星は，中国では長寿の星と言われるありがたい星なのだ．

■カノープスはりゅうこつ座の主星

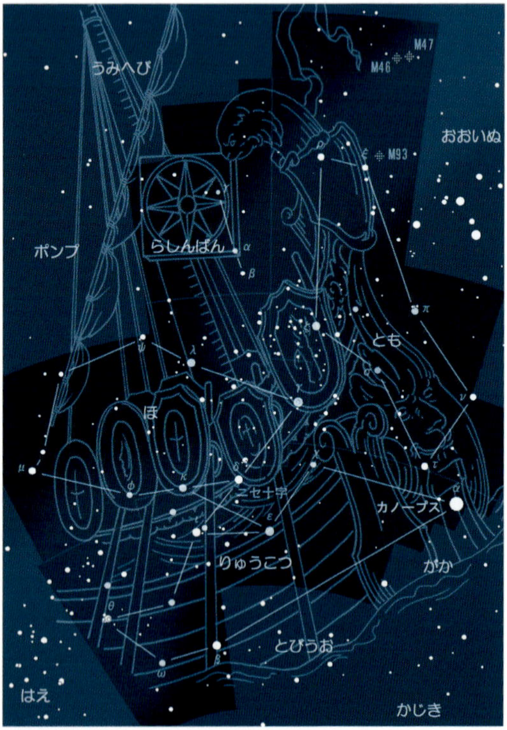

カノープスが輝くりゅうこつ座は，1752年に生まれたばかりの新しい星座だ．実は，プトレマイオスの48星座が生まれた西暦150年ごろ，このあたりにはアルゴ座という大きな大きな帆船の星座があった．しかし1752年，大きすぎるということを理由に，フランスの天文学者ラカイユによって，4つの新しい星座，とも座，ほ座，りゅうこつ座，らしんばん座に解体されてしまったのだ．りゅうこつとは，船の背骨に当たる部分のことだ．

ところでカノープスは，トロイ戦争のとき，ギリシャのスパルタ軍の艦隊をトロイの港に導いた優れた水先案内人だったが，不幸にもある港で亡くなってしまった．スパルタの王メネラオスは，彼の功績を称えて，彼が亡くなった港町を『カノープス』と命名し，やがてそこから水平線スレスレに見える星のことも『カノープス』と呼ぶようになったという．

■日本では不気味な星

日本でも地平線や水平線スレスレに見えるこの星には，昔から気が付いていた．代表的な呼び名は，『めらぼし』．これは房総半島南端にある布良（めら）港の名を取ったものだ．『めらぼし』は，嵐のために海で死んだ漁師の魂が海上に現れて，仲間の漁師を呼んでいるという，不気味な言い伝えが残っている．この話は海が荒れる2月の宵に，この星が海上に姿を見せることから創造されたのだろう．

同じ星でもところ変われば全く違う見方をする．特におもしろいのは，少しだけしか姿を見せないことから，中国四国地方では『横着星』，その他の地方でも『不精星』『道楽星』などと呼ばれ，なまけものの代表格になっている．他に海のしぶきがざぶざぶかかるように見えることから，『ざぶざぶ星』という呼び名を与えている地方もある．

■中国ではありがたい星

かつて中国の都であった洛陽や西安では，地平線スレスレのところにほんの短い時間しか見えないカノープスを，南極老人星と呼んで，この星が地平線上に明るく見えたときは，天下泰平・国家安泰のしるしだと喜ばれたという．また，この星が赤く見えることから，酒好きでいつも赤ら顔をした寿老人（七福神の一人）に見立てていたため，この星を拝むことができたら，長生きができるとされた．

カノープスは，日本ではちょうど大晦日の新年を迎えるころに南中する．このおめでたい星を，除夜の鐘を聴きながら拝むことができたら，きっとその年は平和で健康な1年になることだろう．

もし大晦日の夜に見えなくても大丈夫．1月上旬なら午後11時ごろ，下旬なら午後10時ごろ，2月上旬なら午後9時ごろ，下旬なら午後8時ごろが見頃となる．

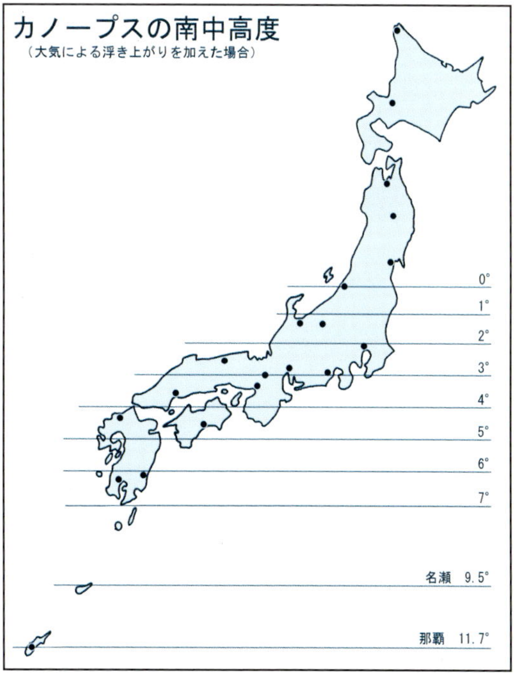

初日の出を愛でる

太陽は，毎日東の空から昇るが，1月1日の初日の出となるとまた格別だ．「新年の計は元旦にあり」というように，新年は初日の出を愛でることからスタートしたい．なぜなら生命の源である太陽への感謝の気持ちがより強く湧き上がり，今年1年頑張れそうな気がしてくるから．

■地域によって違う初日の出時刻

初日の出は，どうせ見るなら世界の誰よりも早く見てみたくなる．実は，日の出時刻は，地域によって異なるのだ．太陽は東から昇るので，どんどん東へ行けば日の出時刻は早くなることになる．理想は日付変更線上だ．実際，豪華客船で日付変更線まで行き，世界で一番最初に初日の出を見るというクルーズもあるという．

では，国内で一番早く初日の出が見られるのはどこか．当然日本最東端の南鳥島の6時26分で，東京より25分も早い．また標高の高いところも日の出が早い．たとえば富士山頂の初日の出は6時44分で，下界よりも9分早い．主な都市での初日の出時刻を右ページの表にまとめておいた．

ところで日の出時刻は，太陽の中心部分が地平線と一致したときではなく，太陽の上面が地平線に接したときのことだ．

■各地の初日の出時刻

日の出時刻とは、太陽の上辺が、
地平線に接した時の時刻のこと。

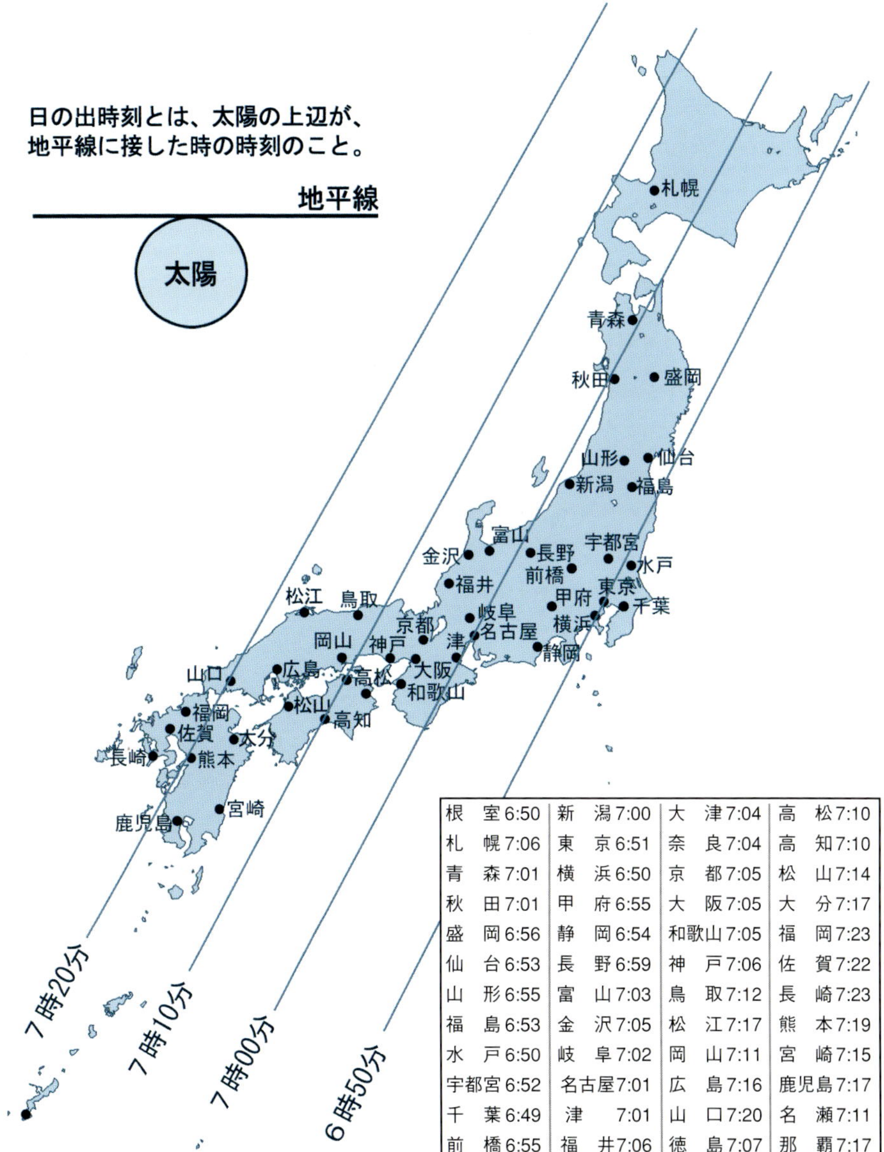

根　室6:50	新　潟7:00	大　津7:04	高　松7:10
札　幌7:06	東　京6:51	奈　良7:04	高　知7:10
青　森7:01	横　浜6:50	京　都7:05	松　山7:14
秋　田7:01	甲　府6:55	大　阪7:05	大　分7:17
盛　岡6:56	静　岡6:54	和歌山7:05	福　岡7:23
仙　台6:53	長　野6:59	神　戸7:06	佐　賀7:22
山　形6:55	富　山7:03	鳥　取7:12	長　崎7:23
福　島6:53	金　沢7:05	松　江7:17	熊　本7:19
水　戸6:50	岐　阜7:02	岡　山7:11	宮　崎7:15
宇都宮6:52	名古屋7:01	広　島7:16	鹿児島7:17
千　葉6:49	津　　7:01	山　口7:20	名　瀬7:11
前　橋6:55	福　井7:06	徳　島7:07	那　覇7:17

※年によって1分前後のずれがある

「明月記」と超新星爆発

百人一首の編纂をした平安末期から鎌倉時代の歌人，藤原定家が書いた日記「明月記」には，数多くの天文現象の記録が残されている．なかでも，おうし座の角の先に見える超新星爆発の残骸，カニ星雲の超新星爆発の記録が見つかったことは世界的に有名だ．

■カニ星雲は超新星爆発の残骸

超新星爆発の残骸　カニ星雲（M1）

おうし座の角の先には，カニ星雲と呼ばれる星雲がある．「カニ星雲」というニックネームを付けたのは，アイルランドの街ビアの領主，ロス三世だ．彼が，当時世界最大だった口径72インチの反射望遠鏡で，この星雲のスケッチをとったところ，その姿がカニに似ていたところから「カニ星雲」の名が付いたという．しかし，小口径望遠鏡で見るカニ星雲の姿は，カニというより，佐渡島，太り気味の芋虫，ダニと言った方がピンとくるだろう．

カニ星雲は，質量の大きい星が，進化の果てに破局的な最期を遂げた超新星爆発の残骸．爆発したのは1000年ほど前と推定されていた．

■爆発の記録が「明月記」に

この爆発が起こったときに見えた超新星のことだと思われる記述が，藤原定家が書いた「明月記」の中に見つかった．

藤原定家は，1162年に生まれ，19歳のころから「明月記」の記述が始まったが，寛喜2年（1230年）ごろは，数年前から洪水や飢饉，異常気象と悪いことばかりが続いていた．そんなときに夜空に突然明るい星，客星（当時は新星のことを客星といった）が現れたことを知り，この不吉な出来事は，あの客星のせいではないかと考え，客星の出現と吉凶の関係を探るため，時の陰陽師安倍泰俊（安倍晴明の6代目の子孫）に，過去の客星の出現例を調べさせたのだった．

その結果が「明月記」に記されているわけだが，その中の次の項が，カニ星雲の超新星爆発にあたる．

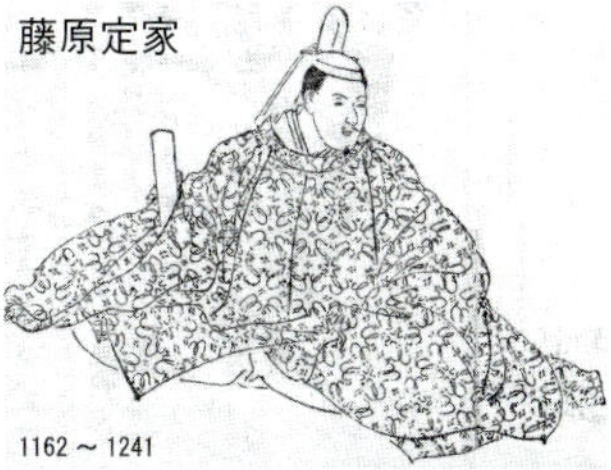

「後冷泉院・天喜二年四月中旬以後の丑の時，客星觜・参の度に出ず．東方に見わる．天関星に孛す．大きさ歳星の如し」

これを現代文に訳すと，次のような意味になる．

「1054年6月中旬以降の夜中に，超新星がオリオン座（觜・参）の上の東方に見え，おうし座ζ（ゼータ）星のそばで輝く．その明るさは木星（歳星）と同じだった」

このできごとは，中国の宋書天文史・客星の項目にも同じような記述があり，それによると，客星は23日間昼間でも見え，22ヵ月後に見えなくなったという．また，北アリゾナで11世紀に使われたとされるアメリカインディアンの廃墟からも，この超新星を描いたとされる壁画が見つかっている．

■「明月記」は天文古記録の宝庫

このように，一見天文学とは関係のない古典文学の中からも，天文学上の貴重な現象が発見されることがしばしばある．その中でも「明月記」は天文古記録の宝庫と言えるだろう．昔の人々は，天文現象と生活をともにしていたことがよくわかる．

2月　如月

■新しい年を迎え，やっと正月気分が抜けてホッとするともう2月．4日は立春だ．暦によると立春とは，“太陽黄経315°のときにあたり，旧冬と新春の境目の日．この日から春になる”とある．しかし巷は，大雪が降ることだってあるし，最低気温を記録することだってある．春の気配さえ感じられない．立春，それは名ばかりの春．そんな2月の和名は，「如月（きさらぎ）」．2月はまだ寒いので衣を重ね着することから，「衣更着」と言ったとか，古来中国でよばれた二月の名「如月（じょげつ）」がそのまま日本に渡って，如月と読まれるようになったとか，どうも定かではない．それにしても，とても美しい響きの言葉だと思う．

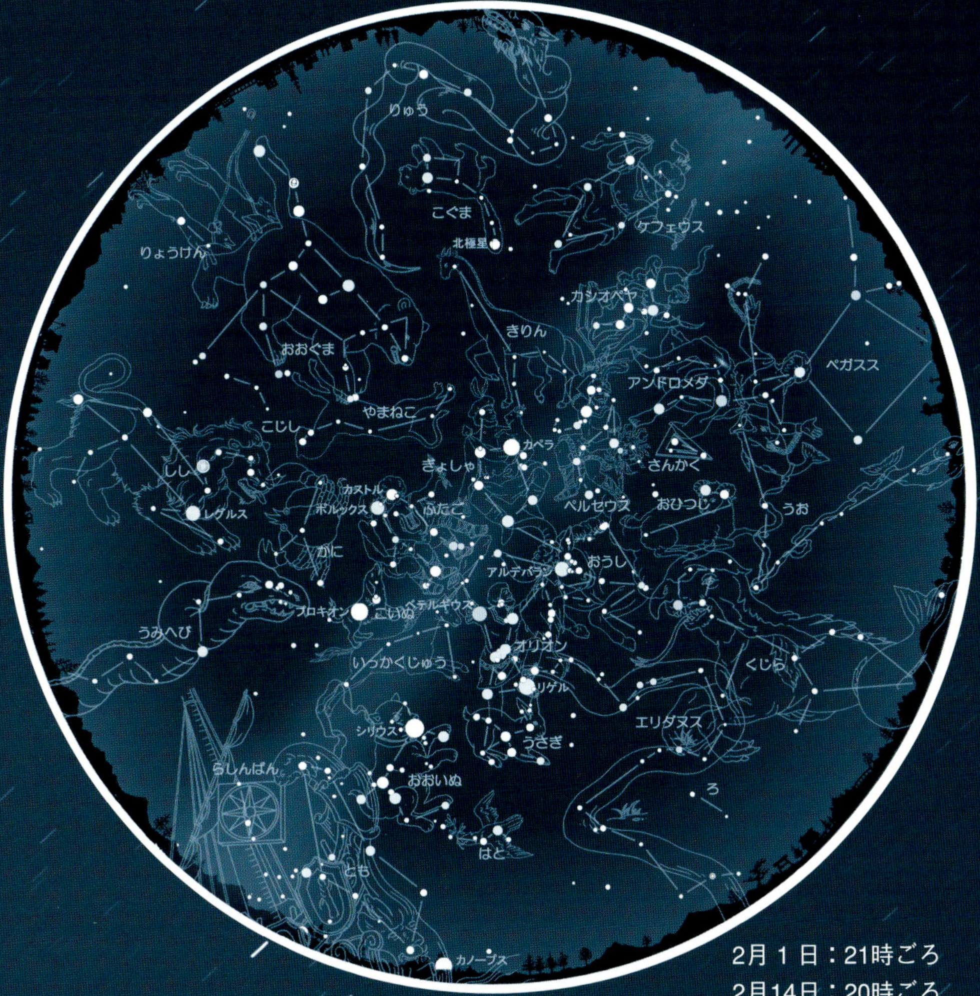

2月 1 日：21時ごろ
2月14日：20時ごろ

2月の凍てつくような星空には，オリオン座が子午線上にデンと構え，その後からおおいぬ座とこいぬ座が続き，天頂近くにはぎょしゃ座とふたご座が並んでいる．子午線付近に冬の星座たちが集まって，まさに星空も冬真盛りという印象．しかしそこで諦めないで東の空を眺めると，東からはしし座とおおぐま座が昇っているのが目に入る．おおぐま座もしし座も，春の暖かさに誘われて，躍動感を星座全体にみなぎらせながら駆け昇っているように見える．私はおおぐま座やしし座を見ると，からだ中がポカポカ温かくなってくるような気がしてならない．もう春は近い．

煌めく冬の星たち

オリオン座が宵空に南中する2月．寂しい秋と春の星座とは対照的に，ここだけは特別と言わんばかり．冬の季節風のおかげで大気がクリアになっていることも手伝って，一段と華やいでいるときだ．冬の夜空は，明るい星暗い星，色とりどりの星がキラキラ輝くスターワールド．

■冬の雪結晶

オリオン座の赤いベテルギウスと白いリゲルだけでも十分に目立つのに，おうし座の赤い目アルデバラン，クリーム色のぎょしゃ座のカペラ，金色に輝くふたご座のポルックス，青白く光るこいぬ座のプロキオン，全天一の明るさを誇るおおいぬ座のシリウス，さらに南の地平線スレスレのりゅうこつ座のカノープスと，全天に21個ある1等星のうちの8個が冬の星座の中で輝いている．

しかもそれらが木枯らしの影響で，いつにも増してダイヤモンドのようにキラキラ瞬くのだから，それはもう絢爛豪華以外の何ものでもない．8個の1等星のうち，ベテルギウス−プロキオン−シリウスを結んでできる逆正三角形を「冬の大三角」，プロキオン−シリウス−リゲル−アルデバラン−カペラ−ポルックスを結んでできる大きな六角形を「冬の大六角形」とか「冬のダイヤモンド」と言うが，私は「冬の雪結晶」と呼びたい．

■煌めく星たち

「冬の雪結晶」を作る星を見ていると，本物の雪結晶やダイヤモンドのように，キラキラと瞬いていることに気が付く．しかも，地平線に近い星ほど激しく瞬いている．星が瞬くのは，星が太陽のように燃えているせいではなく，私たちの地球にそのからくりがあるから．星の光が地球の大気の中を通過するとき，空気の密度の濃いところや薄いところを通るため，光の進路が複雑に屈折して，瞬いて見えるというわけ．言って見れば大規模な陽炎の中を，星の光が通るようなものだ．星の高度が低いほど，大気を斜めに横切ることになって，余計に陽炎の影響を受けるため，瞬きも激しくなる．これをシンチレーションと呼んでいるが，季節風が強くなる冬がその影響が大きくなる．自然の揺らぎの中で起こる星の瞬きは，まさにα波，私たちに安らぎを与えてくれる．

■星の色いろいろ

「冬の雪結晶」を作る星を見ていると，輝く星にほんのり色が付いていることに気が付く．たとえばベテルギウスは赤，アルデバランは橙，カペラは黄，シリウスは白というように．

惑星の光る色は，表面の色が反映されているが，星座を形作る星，つまり太陽と同じように自ら光り輝く星「恒星」の色は，その星の表面温度によって，色合いに差が生まれる．たとえば，炭に火をつけたとき，ついたばかりのときは赤黒い光を放つのに，空気を送ってよく燃えるようにすると黄色い光を放ち，やがて白っぽく輝く．恒星の見かけ上の色もこれと同じで，表面温度が低い恒星は赤く，高い恒星は青白っぽく見えるというわけ．

また恒星のスペクトル型は，表面温度つまり星の色との関わりが大きく，スペクトル型が星の色を表していると言ってもいいほどだ．

さらに恒星の色は，ある程度その星の年齢も表していて，一般的に赤い星は年老いた星，青白い星は若い星と言える．

星の色から星の表面温度やその星の年齢までわかるなんて，科学の力はすごいと思うとともに，とても複雑に見える自然界も実は意外にシンプルなのかもしれない．

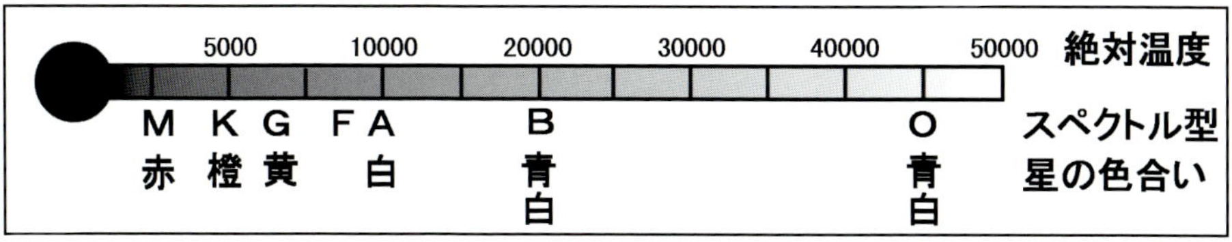

ベテルギウスが爆発する?!

オリオンの右肩で輝くベテルギウスは，太陽の直径の1000倍もあろうかという大きな老人星「赤色超巨星」で，膨らんだり縮んだりしながら0.4～1.3等に明るさが変わる脈動変光星．その星が，近い将来超新星爆発を起こして一生を終えようとしている?!

■太く短く華々しく生きるベテルギウス

ベテルギウスは，赤色超巨星と呼ばれる巨大な星．直径は太陽の1000倍ほどもあり，太陽系にあるとしたら，地球や火星はおろか木星までが覆われる大きさだ．質量が大きいため一生は短く，まだ数百万歳（太陽は46億歳）だが，すでに寿命に近い．最後は超新星爆発を起こし，ブラックホールになる可能性もあるとされる．

このベテルギウスが，超新星爆発へ向かうと見られる兆候が観測されている．米航空宇宙局（NASA）が2010年1月6日に公開した画像（右下）には，星の表面の盛り上がりとみられる二つの大きな白い模様が写っていた．この15年で大きさが15％減ったといい，専門家は「爆発は数万年後かもしれないが明日でもおかしくない」と話す．

■もし超新星爆発を起こしたら

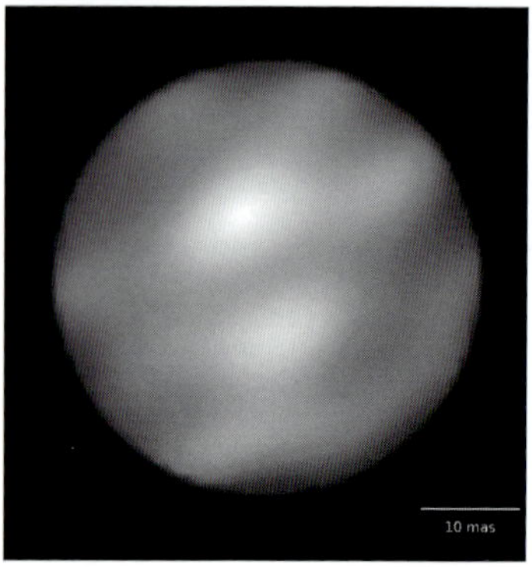

ベテルギウスが超新星爆発を起こしたら，明るさは－10.5等で，満月（－12.5等）に近い明るさで輝くことになるだろう．数ヶ月を過ぎたころから次第に暗くなってゆき，数年で0等星程度に戻り，その後はさらに暗くなり，やがて目立たない星になると考えられる．

超新星残骸は，最初は明るい星雲として見ることができるが，膨張しながらゆっくりと冷えていき，数十万年かけて宇宙空間に拡散してゆく．

■爆発までに残された時間

太陽のような小さな恒星は，水素の核融合反応でヘリウムが生成され，その生涯を閉じるが，ベテルギウスのような超巨星は，ヘリウムが燃焼して炭素を，炭素が燃焼して酸素とネオンというように，次々に重い元素を生み出してゆく．そして，最後に鉄を作り，爆発によって華々しくその一生を終えるのだ．

超新星爆発まで，あと残り1千年となった恒星は，どのような燃焼が起こるのだろうか．おそらく見た目の明るさは変わらない．しかし，内部では劇的な変化が起こっているはずだ．ヘリウムの燃焼が終わり炭素の燃焼が始まると，残りの寿命は数百年から千年，酸素とネオンの燃焼が1年ぐらいで，最後のシリコンの燃焼は数日で終了．鉄の燃焼が始まるとともに，超新星爆発を起こすと言われている．そのときの中心温度は100億度に達しているだろう．

ベテルギウスの超新星爆発は，はたして私たちが生きている間に起こるのだろうか？ 未だ人類は，近傍恒星の超新星爆発に遭遇したことがないので，なかなか先を読むことは難しい．

いったいベテルギウスはいつ爆発するのか？ 仮にまだヘリウムを燃焼させているのならあと数万年．もしすでに炭素燃焼が始まっているなら，あと千年の命というところか？

ベテルギウスが超新星爆発を起こして神々しく輝く姿を，ぜひともこの目で見てみたい．とは言っても，オリオン座からベテルギウスが消えてしまうのも寂しい．だって，ベテルギウスのないオリオンなんて，「肩なし」だから……．

ウルトラマンの故郷〜M78

オリオン座は星座界のスーパースター．日本のテレビが生んだSF界のヒーローと言えば，ウルトラマン．1966年の第1回放映から46年，親子二代にわたって，胸をときめかせてくれたウルトラ兄弟たち．彼らの故郷である光の国・M78星雲は実在するのか?!

■スーパースター「オリオン座」

冬の星空でひときわ目立っているのが，真南の中天に鎮座したオリオン座．右上がりの一直線に三つの2等星がならぶ三つ星．それだけでも十分目立つのに，三つ星をはさむように左上で輝く赤い1等星ベテルギウスと右下で輝く白い1等星リゲル．オリオン座は，全天で一番かっこ良くてぜいたくな星座だ．

オリオン座の歴史は古く，原形は5000年前の古代バビロニアで生まれている．黄道からはずれているので，星占いの黄道十二星座には含まれていないが，世界中のだれもが知っている星座界のスーパースターだ．

オリオンの名は星座だけでなくいろいろなところで使われている．プロ野球では，今は千葉ロッテマリーンズに改名してしまったが，かつては“ロッテオリオンズ”．沖縄には“オリオンビール”がある．名古屋にはオリオンサイダーがあった．ためしにインターネットの検索エンジンで調べてみると，オリオン座はもちろん，オリオン書房，喫茶オリオン，オリオン電機など，次々出てくる．その数なんと2000件あまり．これだけでも，オリオンの知名度の高さの一端がうかがえるというもの．

■M78はオリオン座に！

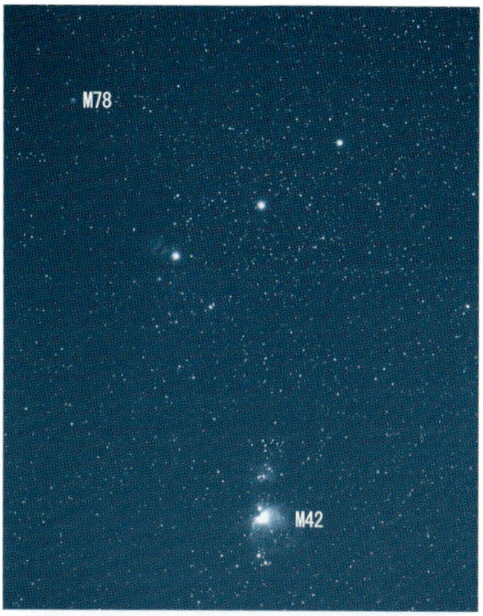

M78星雲

ウルトラマンの故郷といえば，ウルトラの星でおなじみの光の国M78星雲である．では，M78星雲は実在するのだろうか？ SFに登場する天体なんて実在するわけがないと思ってしまうが，実際に存在する星雲なのだ．しかも場所は地球を守るスーパーヒーローにふさわしく，星座界のスーパースターオリオン座の三つ星のすぐ東に．星雲自体はそんなに目立つわけではないものの，星空のきれいなところでは小型望遠鏡でもちゃんと見える．M78もM42同様，散光星雲だが，こちらは反射星雲といって周囲の星の光を反射して光っているために，赤い色ではなく青白い色をしている．

さて，M78星雲がなぜウルトラマンの故郷に決まったかは定かではない．1956年に封切られた新東宝映画『空飛ぶ円盤恐怖の襲撃』で，地球を襲うUFOの故郷としてM78が登場してはいるが，悪者の故郷をそのまま正義の味方の星として復活させるというのも考えにくい．

また，かつてこんな話を聞いたことがある．ウルトラマンがヒットしたことから，ウルトラマンの故郷の星を設定しようということになった．その会議でいろいろな星が提案され，その中でM87という天体が候補に挙がった．ところが調べてみると，この天体は，おとめ座にある楕円銀河であることがわかった．実在する天体は使えないと，頭を悩ませたが妙案が出ず，結局87をひっくり返してM78にして，そのままウルトラの星になってしまったとか．これもまた，真実かどうか怪しい限りではある．

理由はどうあれ，ウルトラマンの故郷が，オリオン座にあるというのが実に素晴らしく，出来すぎとまで思えるが，偶然の産物だとしても，ヒーローどうし引き合わせる何か目に見えない力が働いたのだろうか？ なんてことを考えながら，星雲を眺めてみると，もっと夢が広がるかもしれない．

オリオン座とピラミッドの謎

なんと星座と同じ5000年程前にできたとされるエジプトのピラミッドは，星と深い関係にあるという．なかでもギザ台地にそびえる有名な三大ピラミッド（クフ王，カフラー王，メンカウラー王）は，オリオン座の三つ星を真似て建てられたのではないかというのだ．

■エジプトといえばピラミッド

ギザ台地にそびえる三大ピラミッドとスフィンクス

砂漠にそびえる幾何学的な正四角錐の巨大建築物ピラミッド．古代エジプト時代にファラオ（王）が建てた自身の墓ともいわれるが，いったい何のためにどうやって建てられたのか，謎とロマンに満ちた建造物であることは間違いない．

3000年に及ぶ古代エジプト文明の中で，ピラミッドが建てられたのは，初期に当たる古王国時代の前中期数百年間でしかない．その間に百基にもおよぶ数のピラミッドが建造されたのだ．なかでも首都カイロの南西13kmにあるギザ台地にそびえるクフ王のピラミッドは，幅230m，高さ146m，1個平均2.5トンもの四角く切り出した石灰岩を260万個も使用している．この巨大さは，実際に目の当たりにしたときに圧倒される．

そのギザ台地には，あと2基の巨大ピラミッドが建っていて，合計3基のピラミッドとスフィンクス，神殿，参道などが集まって，広大な複合体を形成している．

■三つ星と三大ピラミッド

ギザ台地にそびえる三大ピラミッド，クフ王，カフラー王，メンカウラー王のピラミッドの並び方が，空から見るとオリオン座の三つ星の並びによく似ているのである．確かに三つのピラミッドが等間隔に並んでいれば，三つ星と同じという単純な理屈になるが，三つ星をよく見ると，等間隔に並んではいるが，西端の星は，他の二つの星よりも少し暗く，ほんの少し一直線から東にずれていることがわかる．それを知ったうえで改めてピラミッドの配置を見てみると，ピラミッドもいちばん端のメンカウラー王のものだけが他の二つよりも小さく，少しずらして三つ星と同じように建てられている．対称性を好む古代エジプト人が，こんなミスを犯すとは思えない．きっと何か意味があるに違いない．

また，オリオン座の東（左）には冬の天の川が流れているように，ギザのピラミッドの東にはナイル川が流れている．さらに，ベテルギウスの位置とリゲルの位置に当たると思われる場所にも，ピラミッドが建っていた痕跡が残っている．

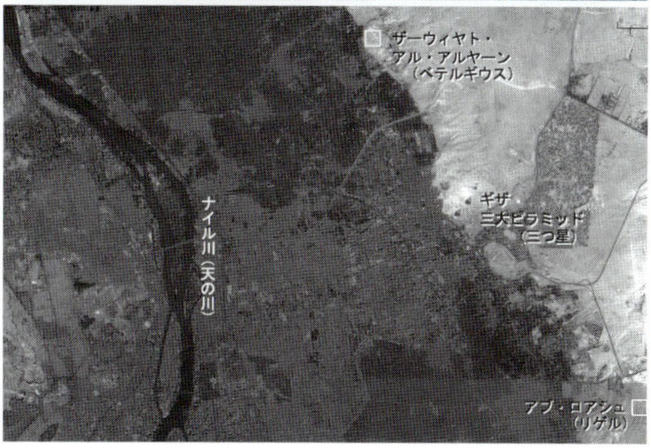

■オリオンと古代エジプトの絆

これだけなら単なる偶然とも考えられなくもないが，ピラミッドには，王の間と呼ばれる部屋があって，そこから北と南に通気孔のような孔（シャフト）が開けられているのだが，北に伸びるシャフトは，当時の北極星りゅう座のトゥバーンを指していることは知られている．では南に伸びるシャフトは，なんと！南中した三つ星の左下のζ星（クフ王のピラミッドにあたる星）を指していることがわかった．いったいこれは何を意味するのか？

そこで，第5王朝ウナス王のピラミッドの玄室の壁に描かれているピラミッドテキストという古文書をひもといてみると，オリオン座はエジプト神話の冥府の神オシリスに見立てられていて，ファラオ（王）が死ぬと，その魂は三つ星の左下の星が南中したときに，ピラミッドの孔を通ってオシリスの元に帰ると書かれているという．ここまでくると，単なる偶然ではなく，オリオン座（オシリス）とピラミッドは，ただならぬ深い絆で結ばれていたのではないかという想像が浮かび上がってくる．

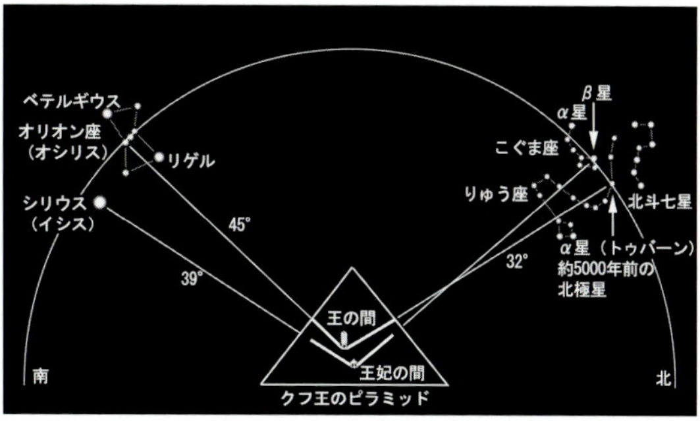

3月　弥生

■春の足音が間近に響く3月．しかし東京での平均気温は8.4°とまだまだ低い．それでも陽だまりの中は春の光に満ちあふれ，ポカポカと温まる心地よさが感じられる．思い切り背伸びをしたくなる瞬間だ．星空も冬から春へと選手交代をしているところ．冬の夜空を賑わした冬の星座たちは，西の地平線に傾き，ふたご座が天頂付近に南中している． 3月の和名は『弥生』．木や草がいよいよ生い茂る月という意味の，『木草弥生（いやおい）月』が詰まった言葉だとか．やっと待ちに待った春が来たという感じが，ひしひしと伝わってくる．

3月1日：21時ごろ
3月15日：20時ごろ

宵空のオリオン座が西に傾き始めるころ，おおいぬ座のさらに南で，りゅうこつ座・とも座・らしんばん座・ほ座の4星座が南中する．どれもロマンチックな響きを感じない名前だが，すべて船に関係のある星座だ．しかしそれにはこんな理由がある．これら4星座は，かつてアルゴ座という大きな大きな船の星座だった．ギリシャ神話では，イアソン王子が，ヘルクレス，カストル・ポルックス，オルフェウス，アスクレピオスなど，星界の有名人を引き連れて，冒険の航海に出た由緒正しき星座だ．ところが1752年，フランスの天文学者ラカイユによって，大きすぎることを理由に解体されてしまった．

ひな祭り星

星空も，3月に入って冬から春へと模様替えをしているところだ．凍てつくような夜空で幅をきかせていた冬の星座たちは，西の地平線を足早にめざし，冬の最後の星座ふたご座のカストルとポルックスが，去り行く冬を惜しむかのように寄り添って天頂付近で輝いている．

■ふたご星のカストルとポルックス

天頂付近で仲良く並ぶ二つの星は，ギリシャ神話の双子の兄弟の名が付けられた．白っぽい星が兄のカストル，黄色っぽい星が弟のポルックスだが，なぜか兄よりも弟の方が明るい．一般的に兄はおとなしくてまじめ，弟は元気で横着な場合が多いことからそう名付けられたのか？ 星座ごとに明るい星からギリシャ文字を振っていったバイエルも，暗いカストルを α 星，ポルックスを β 星としている．

ところで古代バビロニア時代から双子星と名付けられた星はたくさんあったようだ．その中でもカストルとポルックスのことは「大きな双子星」と呼ばれ，特別扱いされていたようだ．日本でも昔からこの二つの星にさまざまな名前を付けている．「兄弟星」，「夫婦星」はもちろん，「金星・銀星」，「金目・銀目」，「メガネ星」，「門松星」などなど．しかし，3月の宵空で天頂にかかるこのペアにふさわしい名前は，やはり「ひな祭り星」がぴったりだろう．どちらがお内裏さまでお雛さまかは，各自の想像にお任せ．

■夜空にはペアの星がいっぱい

兄カストルは，2.0等と2.9等の実視連星として有名だ．周期は約450年で，1965年の最接近から遠ざかりつつあり，現在の離角は3″ほど．小型の望遠鏡でも，ほんの少し明るさの違う純白の星が寄り添っているようすが楽しめる，ペアの星．

夜空には，ふたご座のカストルとポルックスのように，二つの星をペア(一組)に見立てている星は他にもたくさんある．

たとえば，オリオン座の二つの1等星，ベテルギウスとリゲル．日本の岐阜県揖斐郡では，赤いベテルギウスを赤旗の「平家星」，白いリゲルを白旗の「源氏星」と呼んでいる．ただこれには，ベテルギウスが源氏星，リゲルが平家星という異説もあり定かではない．ここは素直な気持ちで，ベテルギウスを平家星，リゲルを源氏星としておきたい．すると，三つ星は壇ノ浦といったところか．

また，おおいぬ座のシリウスとこいぬ座のプロキオンは，日本では，「南のいろしろ」，「いろしろ」と呼ばれた．冬の天の川をはさんで両岸で光る二つの星は，まさに冬の「織姫星・彦星」．

春のペアと言えば，うしかい座のアルクトウルスとおとめ座のスピカ．日本では「夫婦星」と呼ばれている．

残念ながら日本本土からは見えないが，南の地平線に姿を見せる，ケンタウルス座のα星とβ星の金と銀は，カストルとポルックスに劣らない美しいふたご星だ．

春本番～春分の日

毎年3月20日頃は，「春分の日」．国民の祝日となっている．また，この日は「お彼岸の中日」といって，お墓参りをする日でもある．お休みは1日でも多い方がうれしいのだが，そもそも春分の日とは，どんな祝日なのだろう．

■そもそも春分とは？

春分とは，二十四節気の旧暦2月の中気に当たる日で，太陽暦では3月21日前後となる．天文学的には，太陽の見かけの通り道である黄道と，地球の赤道を天に投影した天の赤道とが交差する二つの点のうち，太陽が南から北へ向かって交差する点を春分点と呼び，その点を太陽が通過する瞬間を春分という．180°離れたところにある交差点が「秋分点」だ．春分点を黄経0°として，黄道に沿って360等分の目盛りが刻まれている．また赤道座標の出発点（0h）でもある．

春分の日は，太陽が春分点を通過する日ということで，1878年（明治11年）に「春季皇霊祭」と呼ばれる祝日となったが，1948年（昭和23年），国民の祝日に関する法律が施行されたときから「春分の日」と改名された．「自然をたたえ，生命をいつくしむ日」を趣旨としている．

仏教では，春分の日をはさんで1週間を「彼岸」と呼び，先祖供養をし，墓参りをする習慣がある．春分の日（秋分の日）は，西の地平線のかなたにある西方浄土に太陽が沈むことから，平安時代からこのお祭りが始まったという．

■太陽が真東から昇り，真西に沈む日

春分の日（秋分の日）の太陽は，赤道の真上にあるため，世界中どこでも太陽は真東から昇り真西に沈むことになる．そして，昼と夜の長さがほぼ同じになるが，厳密には昼間の方がほんの少し長い．そのわけは，大気による屈折のため，太陽の位置が実際より高く見えるからで，そのぶん日の出が早くなり日の入りが遅くなる．また，日の出日の入り時刻は，太陽の中心ではなく太陽の上端が地平線に接したときと定義しているため，太陽の視半径分日の出が早く，日の入りが遅くなるためだ．

以上の誤差を考慮すると，昼間の長さはおよそ12時間7分，夜の長さはおよそ11時間53分となり，昼間の時間の方が14分ほど長くなるのである．ちなみに，昼と夜の長さがほぼ同じになるのは，春分の日のおおむね4日前となる．

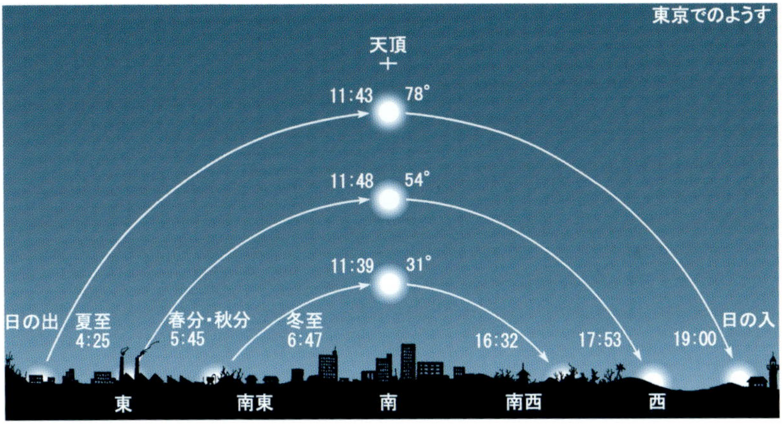

■暑さ寒さも彼岸まで

「暑さ寒さも彼岸まで」の言葉通りに，春分の日を境に，昼間の時間が長くなり，地上は柔らかな日差しで満たされるようになる．そのぬくもりに誘われるように，寒い冬を耐えて過ごした草花の硬い蕾が膨らみ，色とりどりの花が咲き誇るころ．冷たい地中からは，光を求めて冬眠していた虫たちが活動を始めるころ．この世の生きとし生けるものすべてが生き生きと輝き始める「春」．

その境となる日「春分の日」に，「自然をたたえ，生命をいつくしむ日」という意味を持たせる感性．それは，四季という豊かな自然の中で育まれた日本の文化と，そこで生きる私たち日本人の心が生み出した大切な思い．春分の日，太陽の恵みを感じながら，今一度自然の中で自然とともに生きるということのありがたみを考えてみたい．

季節の節目～二十四節気

二十四節気という言葉を聞いたことがあるだろうか．二十四節気自体は知らなくても，その中に使われている用語は，日頃から耳にしていると思う．よくニュースや天気予報で「今日は立春，暦の上では春です」などという言葉を耳にすることがあるが，「立春」は二十四節気の一つ．

■季節のずれを補う二十四節気

月の運行のみに基づいた純粋太陰暦の1年は354日，太陽の公転周期に基づいた1年は365日であるため，1年で11日の差が生ずることになる．おかげで年を重ねるごとにその差は大きくなり，3年で約1ヶ月，10年も過ぎるとやがて暦と四季の周期との間に，一季節分のずれが生じてしまうという問題をはらんでいた．汐の満ち引きを基準に仕事をする漁師なら，季節が少々ずれても良かったのかもしれないが，季節変化とリンクした農耕には，太陰暦というカレンダーはとても不便だった．そこで古代中国では，本来の季節を知る目安として，太陽の運行を元にした区切りとなる「二十四節気」を暦に導入したのだ．

二十四節気は中国の戦国時代のころに太陰暦による季節のズレを正し，季節を春夏秋冬の4等区分にするために考案されたもので，1年を12の「中気」と12の「節気」に分け，それらに季節を表す名前が付けられた．私たちが普通に使っている「春分」「夏至」「秋分」「冬至」も二十四節気の用語だ．

日本では，江戸時代のころに用いられた暦から採用されたが，元々二十四節気は中国の気候を元に名付けられたものなので，日本の気候とは合わない名称や時期もある．しかし，季節の変化を実に的確に表現した言葉が散りばめられていて，自然と慣れ親しんでいた先人の知恵を感じさせられずにはいられない．

かつては冬至を起点として，365日を24等分して各気を決めていたが，現在は春分点を起点として，360°を24等分して決めている．下図の日付けは年により多少前後する．

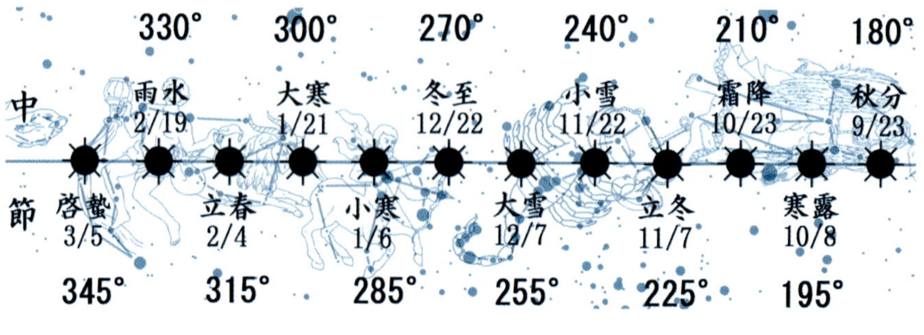

■二十四節気の用語と持つ意味

春1月節	立春（りっしゅん）	寒さも峠を越え，春の気配が感じられる
春1月中	雨水（うすい）	雪や氷が溶けて水になり，雪が雨に変わる
春2月節	啓蟄（けいちつ）	冬ごもりしていた地中の虫がはい出てくる
春2月中	春分（しゅんぶん）	太陽が真東から昇り真西に沈み，昼夜が等しくなる
春3月節	清明（せいめい）	すべてのものが生き生きとして，清らかに見える
春3月中	穀雨（こくう）	穀物をうるおす春雨が降る
夏4月節	立夏（りっか）	気温が上がり，夏の気配が感じられる
夏4月中	小満（しょうまん）	すべてのものがしだいに伸びて天地に満ち始める
夏5月節	芒種（ぼうしゅ）	稲や麦などの（芒のある）穀物を植える
夏5月中	夏至（げし）	蒸し暑くなり，昼の長さが最も長くなる
夏6月節	小暑（しょうしょ）	いよいよ夏を迎えるころ．梅雨も明ける
夏6月中	大暑（たいしょ）	夏の暑さがピークを迎える
秋7月節	立秋（りっしゅう）	朝晩は，秋の気配が感じられる
秋7月中	処暑（しょしょ）	暑さがおさまり秋を迎えるころ
秋8月節	白露（はくろ）	夜露が草に宿り，朝晩は涼しくなる
秋8月中	秋分（しゅうぶん）	秋の彼岸の中日．昼夜がほぼ等しくなる
秋9月節	寒露（かんろ）	秋が深まり，野草に冷たい露を結ぶ
秋9月中	霜降（そうこう）	朝晩は冷え込み，霜が降りる
冬10月節	立冬（りっとう）	冬の気配が感じられる
冬10月中	小雪（しょうせつ）	寒くなって雨が雪になる
冬11月節	大雪（たいせつ）	雪がいよいよ降り始め，積もるようになる
冬11月中	冬至（とうじ）	昼が一年中で一番短くなる
冬12月節	小寒（しょうかん）	寒の入りで，寒気がましてくる
冬12月中	大寒（だいかん）	冷気が極まって，最も寒さがつのる

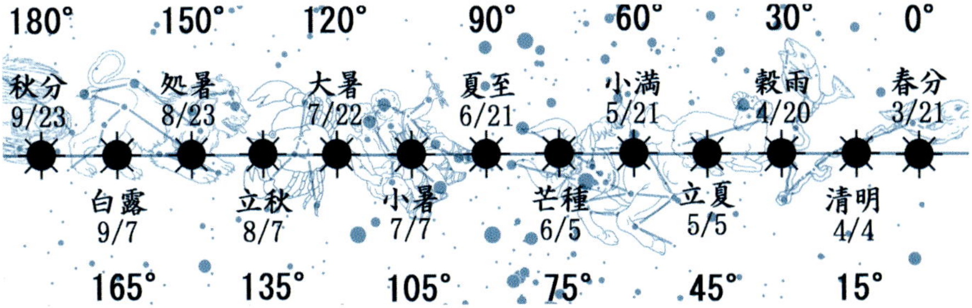

太陽暦の登場

今日，私たちがさりげなく使っているカレンダー（暦）．もしカレンダーがなければ，時という流れに節目を付けることができず，時の長さを測ることもできない．だから私たちの祖先は，精度の高いカレンダーをたえず求め続けた．

■季節変化にリンクした暦を求めて

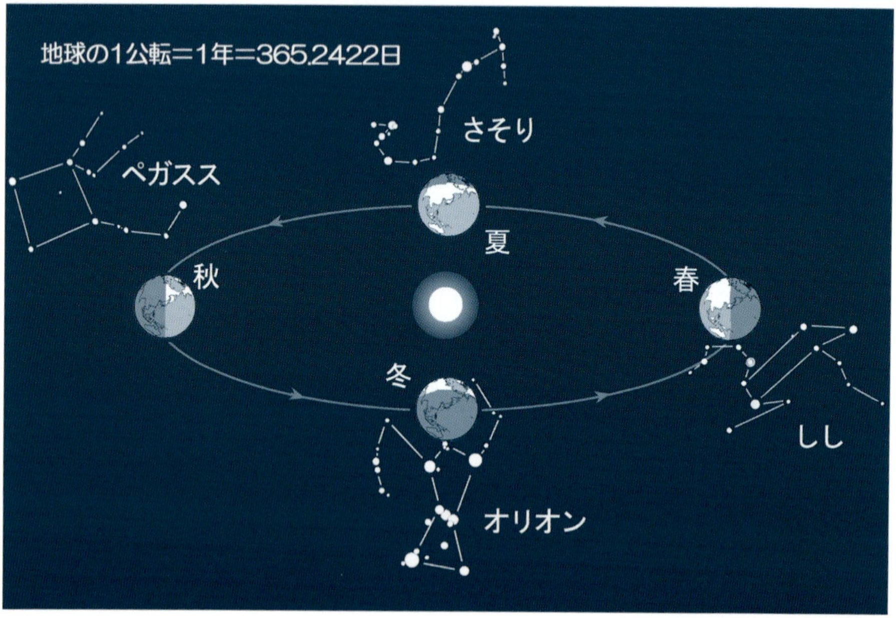

●ユリウス暦

紀元前46年，古代ローマのユリウス・カエサル（シーザー）は，季節から3ヶ月もずれたローマ暦（太陰太陽暦）の改革に乗り出した．カエサルは当時学会最高権威であったアレキサンドリアの天文学者の意見に従い，太陽暦を採用した．当時1太陽年は365＋1/4日とされていたので，最初の3年は365日，4年目は366日と定められた．閏日は2月に入れられることになり，それ以外は，30日と31日の月が交互に並べられた．この暦を，ユリウス・カエサルの名を取ってユリウス暦と呼んだ．

紀元前44年，7月の呼び名はクインティリスからユリウス（Julius）に，紀元前8年には，8月の呼び名はセクスティリスからアウグストゥス（Augustus）と改められた．

●グレゴリオ暦

1575年，ローマ法王グレゴリウス13世は，春分の日が実際よりも11日ずれていたため，暦法改革を断行した．ずれた理由は，ユリウス暦は実際の1年よりも11分4秒長すぎたからだった．さらに，宗教改革によって弱体化した教会の権威を立て直すというもくろみもあった．この改暦は，イエズス会の修道士で数学者のクラビウスの努力がなければ実現しなかった．

ずれの解決方法は，ユリウス暦では4年に1回の閏年を，400年ごとに3回減らすというものだった．そのために，400年に4回巡ってくる下二桁が00になる年のうち，3回は閏年をやめるというものだ．具体的には100で割り切れる年のうち，400でも割り切れる年は閏年にするが，その他の年は平年にするのである．

また，これまでに累積されたずれは，1582年10月4日の木曜日から一気に10月15日金曜日に飛ばすことで修正した．さらに，新年を春分からではなく，1月1日とすることも決められた．

グレゴリウス13世

グレゴリオ暦は，1年につき26秒しか進まない精度の高い暦で，現在でも，3時間程度のずれしかない．もちろん，世界標準の暦になっていることはいうまでもない．

■日本も明治5年太陽暦に

日本では，1872年（明治5年）旧暦11月9日，それまで使われていた太陰太陽暦（旧暦）を廃して，翌年から太陽暦を採用すると公布した．それは，明治5年12月3日を，グレゴリオ暦の1873年1月1日に当たる明治6年1月1日にするというものだった．そろそろ年末という11月になってから1ヶ月足らずで，混乱を覚悟で強引に改暦したわけは，政府が財政逼迫という大きな問題を抱えていたからだった．

旧暦のままでは，翌明治6年は閏月が入るため13ヶ月分の給料を払わなければならない．また，明治5年12月は2日しかないので12月分の給料は払わなくてよくなる．また，改暦することにより休日を減らすことができるということもあったのだ．

つまり，日本が太陰太陽暦から太陽暦に移行したのは，政府が役人に払う給料を少しでも減らすための苦肉の策だったのである．情けなくて恥ずかしいお家事情ではあるが，これぐらい切羽詰まった状況にならない限り，大混乱が起こるとわかっている時の流れを計る目盛りを変える改暦なんて，おいそれとできなかったのだろう．合理的な太陽暦だが，旧暦のままの方が人の心には優しかったかも…….

4月　卯月

■4月は，1月とはちがった意味で新しいスタートを切る月．ポカポカ陽気に誘われて重いコートを脱ぎ捨てたときの新鮮な気分と，満開の桜のピンクと空のブルーのコントラストの気持ちよさが，縮こまった体と心をリフレッシュしてくれる．このポカポカ陽気で，雪景色の中で夜空を賑わした冬の星座たちは，まるで雪解け水に流されるように，西の地平線へと消えて行く．ところで4月の和名は，「卯月」．春たけなわという印象だが，旧暦では卯月はもう夏．卯月の「卯」は「卯の花」から付いた言葉らしい．卯の花とは，5月から7月に可憐な白い花を咲かせる落葉低木樹ウツギのこと．

4月 1 日：21時ごろ
4月15日：20時ごろ

春の星座たちは，かんむり座をしんがりにすべてが出そろい，星空も春爛漫の装い．天の川から離れてしまっているために，星数が少ないうえ，春がすみのためどことなく寂しげだが，それでも見えている1等星を数えてみると10個もある．このうち春の星座で輝くのは，しし座のレグルス，うしかい座のアルクトゥルス，おとめ座のスピカの3個だけだが，オレンジ色に輝くアルクトゥルスは，シリウス，カノープスに次いで，全天で3番目に明るい恒星ということは意外と知られていない．改めてもう一度見直してみると，確かにけっこう明るいことに気が付くだろう．

春の大三角とダイヤモンド

最も寒い2月の宵，早々と東の空に姿を見せていたしし座が，4月の宵にはレグルスとともに天頂近くに駆け上がる．それに引きずられるように，北東の空にうしかい座のアルクトゥルスが，南東の空にはおとめ座のスピカが顔を出している．

■春の大三角

大三角と言えば，冬の大三角や夏の大三角を思い浮かべるが，春の星空にも大三角はある．ベテルギウス－シリウス－プロキオンを結ぶ冬の大三角，ベガ－アルタイル－デネブを結ぶ夏の大三角は，どちらも1等星を結んでできる三角形である．

ならば春の大三角は，レグルス－アルクトゥルス－スピカと結びたいところだが，実際に結んで見るといささか間延びした三角形となり，どう見ても美的感覚に欠ける．先人たちはそんなことは先刻ご承知とばかりに，レグルスではなく，しし座のしっぽの星デネボラをアルクトゥルスとスピカと結んで，春の大三角とした．こうすれば，美しくバランスが取れた逆正三角形ができあがる．デネボラは2等星であることが残念だが，1等星のレグルスを選んで形を崩すのではなく，あえて2等星のデネボラを選んだところに，現代に生きる私たちよりもはるかに感性豊かだった先人たちの「粋」を感じる.

春の大三角は，三つの大三角の中で最も大きい．4月の宵空で，冬の大三角と比べてみて，未明の空で夏の大三角と比べてみると，一目瞭然.

■春のダイヤモンド

春の大三角が見つかったら，その北で光る3等星，りょうけん座のコル・カロリと結んでみよう．するとこれまたバランスの取れた大きなひし形ができあがる．まるで春の夜風に乗って舞い上がった凧のように見えるが，このひし形を「春のダイヤモンド」と呼んでいる.

ところで，春のダイヤモンドの頂点を担う，りょうけん座の主星コル・カロリは，「チャールズの心臓」という意味で，猟犬とは全く関係がない．この名は，イギリス国王チャールズ二世の心臓のことで，1660年にチャールズ二世がイギリスの王位に就いたことを記念して，ハレー彗星でおなじみのイギリスの天文学者エドモンド・ハレーが命名したと言われている.

そういえば古星図を見ると，猟犬の背中に王冠をかぶったハートが描かれているものがあり，「なんだこれは？」と思ってしまうが，理由がわかれば，中世の人たちはお茶目だったのかな？と妙に納得してしまう.

■かみのけ座？

ダイヤモンドの中には，暗めの星がバラバラと集まっている星の集団を認めることができる．ここには，かみのけ座と呼ばれる風変わりな名の星座が埋もれている．実際，星座絵を見ると，まさにカツラのような髪の毛が描かれている.

かみのけ座は，ギリシャ時代からあった星座にもかかわらず，なぜかプトレマイオスの48星座に入れてもらえなかった．それどころかそれ以来無視されてしまったという不運な星座だったが，17世紀にデンマークの天文学者ティコ・ブラーエによって星座界にカムバックすることができた．この髪の毛は，エジプトの王妃ベレニケのものだと言われるが，星空を眺めていると，暗い星たちが，日本女性の潤いのある黒髪に舞い散った桜の花びらのようにも見える.

りょうけん座とかみのけ座

星座の履歴書

私たちが何気なく見上げている星座．いったいいつ誰がつくったのだろう．星座のルーツを求め，時代をさかのぼってゆくと，紀元前3000年，チグリス・ユーフラテス川流域に栄えたメソポタミア文明にたどり着く．

■羊飼いが星座の基を創った

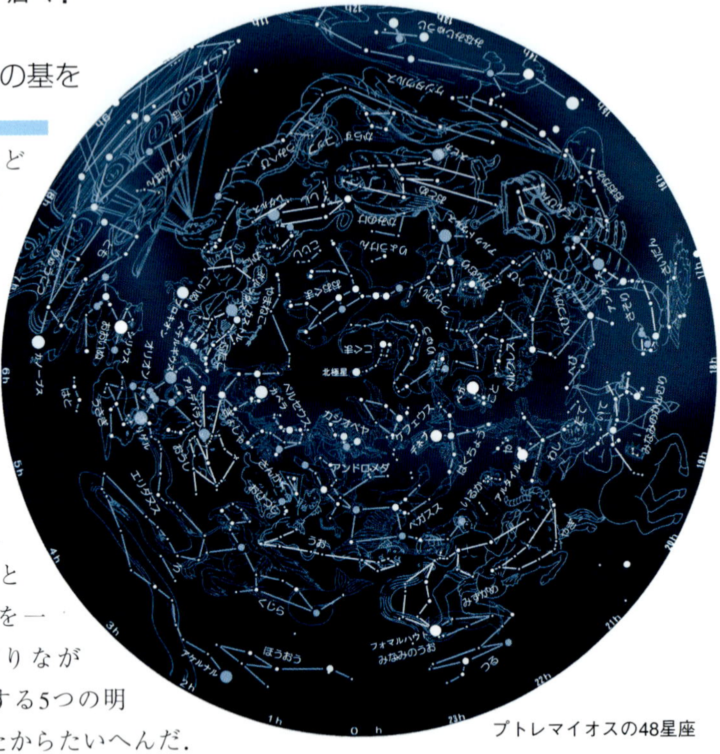

プトレマイオスの48星座

今から5000年ほど前のこと，チグリス・ユーフラテス川のほとりで羊飼いをしていた古代バビロニアのカルディア人たちは，毎晩星を羊にたとえて，数を数えて遊んでいた．ところが星空の中を一定の道筋をたどりながら，変な動きをする5つの明るい星を発見したからたいへんだ．

「これはきっと国や人の運命を操っている星に違いない．なんと恐ろしいことだ」．

プトレマイオス

そこで，これらの星の位置を表すために，その道筋に沿って12の住所をつくった．こうして星占いが始まったのである．やがてこの住所は，空全体に広がり，星座という名の住所録が完成したということらしい．5つの明るい星とは，惑星のことだ．

羊飼いが創った星座は，フェニキア人によってギリシャへと伝えられ，西暦150年ごろ，エジプトのアレキサンドリアの天文学者プトレマイオスが書いた，世界初の天文学の事典「アルマゲスト」に48星座が紹介され，星座が天文学の世界にも登場した．この48星座が，現在の星座の基になっている．

■西暦1600年代，星座新設ブーム到来

南天に新設された星座たち

15世紀に入り大航海時代が始まると，それまで星座がなかった南半球の星空にドイツのバイエルが新しい星座を作った．ところがこれがきっかけとなって，新しい星座を作ることが大流行し，星座の数はあっという間に100を超えてしまった．

なかには自分の愛する猫を記念して「ねこ座」を作ったり，仕えている王様に献上するために星座を作ったり，オリオン座を「ナポレオン座」にしようとする動きもあった．まさに星座乱立時代だったのである．

■1930年，星座の数は88に決定

この状況は，1930年の国際天文学連合総会で終止符を打たれることになった．無秩序に増えてしまった星座をどうするか，議論されたのである．そのとき星座など「廃止してしまおう」という過激な案も出されたが，「5000年も脈々と受け継がれてきた星座をなくすわけにはいかない」というもっともな意見が大勢を占めたため，星座は抹殺を免れた．そして星座に境界線を引いて区画整理をして，プライベートな星座は削除し，88星座にすることで収拾することになった．その結果，新設された星座のうち27星座が消えたのである．星座たちは，5000年もの永い年月を経て，ようやく安らぎのときを迎えたのである．

5000年前に羊飼いが見上げていた星空を，おじいさんもおかあさんも，私たちも眺め，子供や孫も見上げるのだろうなんて考えると，夜空の文化遺産とも言うべき星座たちを，いつまでも残していきたいと，あらためて思ってしまう．

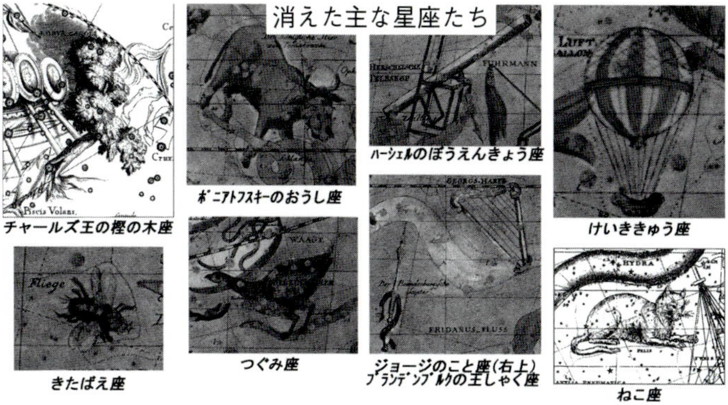
消えた主な星座たち
チャールズ王の樫の木座
ポニアトフスキーのおうし座
ハーシェルのぼうえんきょう座
けいききゅう座
きたばえ座
つぐみ座
ジョージのこと座(右上)
ブランデンブルクの王しゃく座
ねこ座

スフィンクスの謎

エジプトのギザの大地にそびえるカフラー王のピラミッドの脇で横たわるスフィンクス．高さ20m，長さ73.5mもの巨大な上半身は人間，下半身はライオンの姿をした像だ．胴体は，石灰岩の山を削って作られたもの．このスフィンクスと太陽としし座には，深い関係がある？

■スフィンクスとは？

スフィンクス＝セシェプ・アンク・アトゥム＝ホル・エン・アケト

カフラー王のピラミッドの参道脇に位置しているスフィンクスは，カフラー王のピラミッドの付属物として，同じ時代に造られたと考えられている．また，スフィンクスは第2ピラミッドを守護するもので，その顔は建造者のカフラー王の顔を模していると言われている．しかし，これらの仮説には反論もあり，実際のところは，いつ誰が何のために建造したのか，まだよくわかっていない．

スフィンクスの胴体を見ると，痛々しいほどの侵食の跡が見られる．それに対してピラミッドは，これほどひどい侵食の影響は受けていないという．また，過去においては，砂に埋もれている時間の方が圧倒的に長かったと推測できる．にもかかわらず，こんなに浸食が激しいのは何を意味するのか？ しかもこの浸食の激しさは，風や砂によるものではなく，水によるものとしか考えられない．ひょっとしたら，スフィンクスはピラミッドよりもずっと以前に造られたのではないか？

1992年には，アメリカのボストン大学のチームによるスフィンクスの地質調査が行われたが，それによると，スフィンクスの建造年代は紀元前5000年から10000年にさかのぼるという．これはピラミッドが建設されたとされる紀元前2500年とは比較できないほど古いことを意味している．また，その頃は気象学的に，この地は雨が降ることが多かったらしい．

■スフィンクスと太陽としし座の関係？

わかっていることは，スフィンクスの顔が真東を向いていること．真東は，春分や秋分に太陽が昇る方位である．これは，太陽信仰をしていた古代エジプト人にとっては，重要な意味を持つ．つまりスフィンクスは太陽となんらかの関係にあるといえるだろう．

また，星とスフィンクスとの関係を考えてみると，ライオンの姿をしていることから，「しし座」ともなんらかの関係がありそうに思える．理由は，太陽の通り道である黄道上にある星座であること，春分のころに見える星座であるからだ．つまり，春分・太陽・しし座の共通点が見つかれば，スフィンクスの謎が解けるかもしれないというわけである．

■春分に太陽としし座が昇る時代とは？

春分・太陽・しし座の共通点でまず思いつくのは，春分の日の太陽がしし座にあること．つまりスフィンクスが，東の空に太陽とともに昇ったしし座を見つめるという情景だろう．これがいつ起こったかを，パソコンでシミュレーションしてみると，この条件を満たすのは，なんと紀元前10600年ごろ．春分・太陽・しし座が三位一体となり，地平線に昇ったばかりのしし座は，スフィンクスと同じように寝そべっているのだ．この年代は，前述のスフィンクス建造年代とも合致する．またオリオン座は南中し，シリウスも見えている．

以上の推理はあくまでも仮説であり想像の域を出ないもので，考古学的にも何の信ぴょう性もない．ただ言えることは，考古学だけでなく天文学，地質学，気象学など多角的に調査することにより，新たな発見があるのではないかということ．悠久の時を駆け巡るロマンは自由であっていい．

太陽が食べられる！～日食

日を食べると書いて「日食」．誰が日を食べるのかといえば，それは「月」．昔インドでは，大きな龍が生命の源である日を飲み込むために起こる不吉な現象とされ，日食が始まるとドラや太鼓をたたいて，この龍を追い出したという．

■ドラマチックな日食

2008年8月1日　中国で見られた皆既日食

日食とは，月が太陽と地球の間に入り込むために，月が太陽を隠してしまう現象．つまり，日食は太陽－月－地球が一直線に並ぶ新月のときに起こる．とはいっても，新月になるたびに必ず日食が起こるというわけではない．それは，月の通り道である白道が，太陽の通り道である黄道に対して約5°傾いているために，白道と黄道の交点付近で新月にならないと，太陽と月とが重ならないからだ．

さらにドラマチックにしているのは，太陽と月の見かけの大きさがほとんど同じであるところにある．実際の大きさは，太陽は月の約400倍もあるのに，地球からの距離は月は太陽の約1/400しかないから．しかも，地球は太陽の周りを，月は地球の周りを楕円軌道で回っているために，地球に近づいたり遠ざかったりして微妙に見かけの大きさが変化する．だから私たちは，皆既日食，金環日食という2種類の日食を見ることができる．これはもう自然から贈られた奇跡としか言いようがない．

■皆既日食と金環日食

●皆既日食

見かけの大きさが太陽より月の方が大きい場合は，太陽は月によって完全に隠されるために，あたりは薄暗くなり日頃は見ることができないコロナが太陽の周りに広がる．ところで，コロナの形は皆既日食のたびに違う．太陽は約11年周期で活動が盛衰を繰り返しているが，コロナの見え方もこの周期に連動している．太陽活動が活発なときのコロナは，太陽の周り全面に広がる．太陽活動が衰えているときは，東西方向にのみ伸びたコロナが見られる．

●金環日食

見かけの大きさが太陽より月の方が小さい場合は，月が太陽を隠しきれず太陽の縁がはみ出すため，金色のリングのような太陽を見ることができる．あたりはさほど暗くはならない．リングの太さは月の見かけの大きさによって変化するが，太陽と月の見かけの大きさがほとんど同じ場合は，リングは限りなく細く，しかも月の表面にある山や谷のおかげで切れ切れのリングとなる．これが数珠のように見えることから，発見者の名を取ってベイリービーズ（ベイリーの数珠）と呼んでいる．

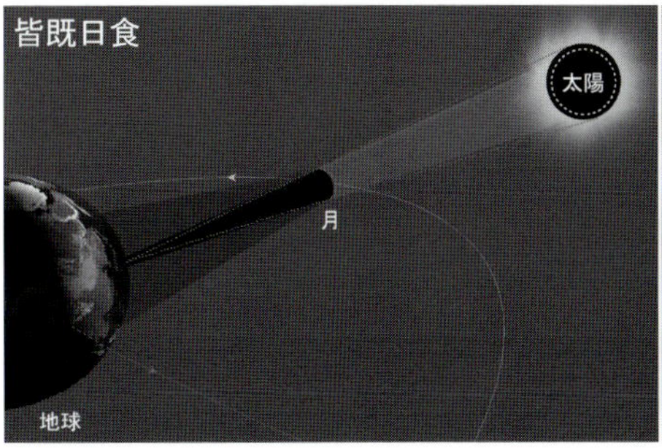

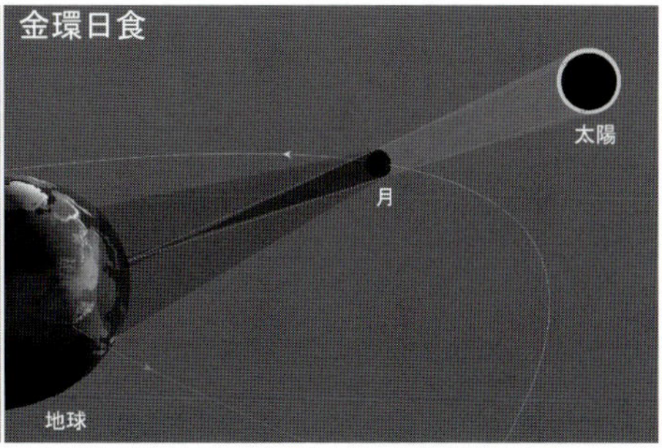

■やっぱり皆既日食はすごい！

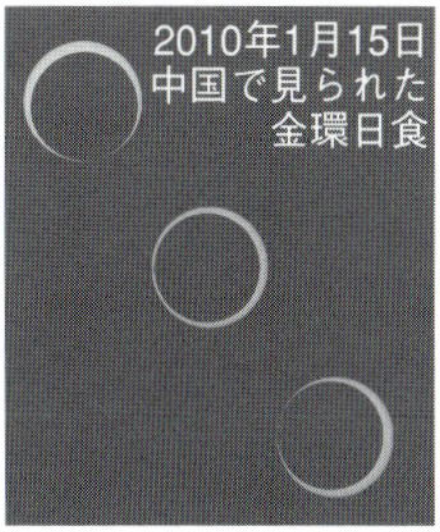

皆既日食も金環日食も，太陽と月が完全に重なるという点ですばらしいが，皆既日食は，太陽と月が完全に重なる直前に月の谷間から一筋の光が漏れるダイヤモンドリングに続いてあたりがスーッと暗くなり，地平線360度が夕焼けに染まる．そして明るい星が見え始めると同時に，黒い太陽の周りにコロナがフワッと広がる．もうこの世のものとは思えない美しさ．人は理性を失い動物となり，黒い太陽に向かって叫び続け，涙を流し終わった後は放心状態．それぐらい劇的で，一度見たら病み付きになってしまうのだ．

5月　皐月

■5月になって，さわやかな風に乗って青空に鯉のぼりが舞うようになると，山里にもようやく遅い春が訪れる．冬の星空をにぎわしたオリオン座の姿はすでになく，冬の最後の砦，ぎょしゃ座・ふたご座・こいぬ座は，まるで雪解け水が流れるように，西の地平線へと落ちて行く．5月の和名は「皐月」．サツキと聞いて，トトロに登場する姉妹，サツキとメイを思い出すのは私だけ？ 旧暦では皐月は，梅雨の真っ最中．五月晴れとは梅雨の合間の晴れ間のことを言う．五月雨の方がぴったりなのだ．皐月という名は，田植えが盛んな時期で，早苗を植える月，早苗月から皐月と呼ばれるようになったという．

5月１日：21時ごろ
5月15日：20時ごろ

南の空には，まだ寒い1月に東の空に顔をのぞかせたうみへび座がゆっくりゆっくり這い上がって，今ようやくその全貌を見せている．その長さは100°にもおよぶ．長さはもちろん，1303平方度という面積も全天88星座のトップなのだ．南中しているうみへび座をよくよく見てみると，頭にかに座を乗せて，おなかにはしし座がふんぞりかえり，しっぽにはおとめ座が寝そべっている．そしてその上には，おおぐま座にうしかい座がおもりのようにのしかかっている．どう見ても積載オーバーなのに，よほど鈍いのか，まるで平気な顔をして，春を満喫するかのようにのんびりと西へいざって行く．

北斗七星物語

新緑が目にまばゆい5月．ポカポカ陽気に誘われ，元気に泳ぐ鯉のぼり．夜になるとその鯉のぼりに重なるように，7つの星がひしゃくの形に並んだ「北斗七星」が舞い上がる．思わず「いよっ，鯉のぼり星！」と呼びたくなるほどのマッチング．

■中国の呼び名　北斗七星

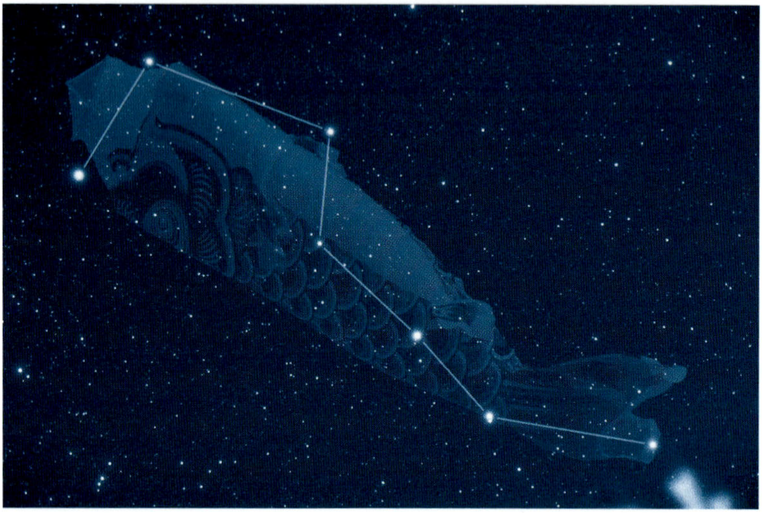

北斗七星は中国で付けられた星の名前で，「斗」にはマスという意味がある．つまり，北の空で7つの星がつくるマス（ひしゃく）と，まさに見ての通りの意味．日本では，「ひしゃく星」の他に「七つ星」，「七曜星」，「四三の星」，「船星」など，さまざまな名前が付いているが，最近は，「フライパン」「スプーン」はもとより，「電気掃除機」という呼び名も登場している．また，北斗七星の名を使ったものとしては，上野－札幌を結ぶ寝台特急「北斗星」，かつては東芝の冷蔵庫の名，アニメ「北斗の拳」．アラスカ州の州旗には北斗七星と北極星が描かれている．

この7つの星の配列はよほど目立ったらしく，その歴史は古く，今から5000年前の古代バビロニアでは，北斗七星を「大きな車」と呼んでいた．おそらくリヤカーのような荷車に見立てたのだろう．また中国でも「帝車」といって，天帝が乗る乗り物としている．西洋では北斗七星を，独立した星座としてではなく，おおぐま座のしっぽの部分としてとらえているが，車が熊になったのは，それから2000年ほどたったフェニキア時代だといわれている．

■北斗七星物語

北斗七星にまつわるお話も，世界中で生まれている．そのいくつかを紹介しよう．

●北斗七星物語（韓国）

年頃になった息子のために父親は家をプレゼントした．ところが予算をケチったために出来上がった家は欠陥住宅．家はゆがんでいたのだ．それを見た息子は怒り狂い，カナヅチを振り上げて大工を追いかけた．それを見た父親は，そんな息子を止めるためにあとを追ったという．北斗七星の水を汲む部分とその北にある星でできる五角形がゆがんだ家，柄にあたる三つの星が，家に近いほうから，父親・息子・大工となるわけだ．

●北斗七星物語（アラビア）

父親を殺された三姉妹は，恐ろしい復讐を計画した．三人は棺を先頭に葬式の行列を作って，犯人の家のまわりを，すすり泣きながら夜ごと回ろうというのである．復讐は見事成功し，犯人はノイローゼになり，家から一歩も外へ出られなくなってしまった．北斗七星の水を汲む部分が棺，柄の星が三姉妹というわけだ．犯人は，もちろん北極星である．

●北斗七星物語（フランス）

二人のドロボウが牛を二頭盗んだ．それに気が付いた農夫は，すぐ下男に捕まえてくるように言った．ところがいつまでたっても帰ってこない．今度は牧場の番人が犬を連れて追いかけ始めた．ところがだれも帰ってこない．待ち切れなくなった農夫は，とうとう自分で追いかけ始めたという．北斗七星の水を汲む部分の4つの星がドロボウと牛，柄の三つの星が，下男，番人，農夫だが，番人は二重星ミザールにあたり，犬は伴星のアルコルというわけだ．

●北斗七星物語（アメリカ）

腹をすかせた三人のインディアンは，冬眠から覚めて穴から出てきた熊を見つけると，しめたとばかりにつかみかかった．びっくりした熊はあわてて空に駆け上がった．それを見たインディアンも逃がすものかと，先頭のインディアンは弓に矢をつがえて，2番目はなべを振りかざして，そして3番目は火をつけたたきぎを持ってそれに続いたという．ここでは水を汲む部分が熊，柄にあたる三つの星がインディアンだ．

北斗七星と北極星

北斗七星と北極星の絆は強い．北斗七星のひしゃくに対して，北極星から伸びる6つの星を結ぶとこれまたひしゃくができる．これを小北斗または小びしゃくと呼んでいる．また，星座としてはおおぐま座，こぐま座となって描かれている．

■いつも同じ位置で輝く星　北極星

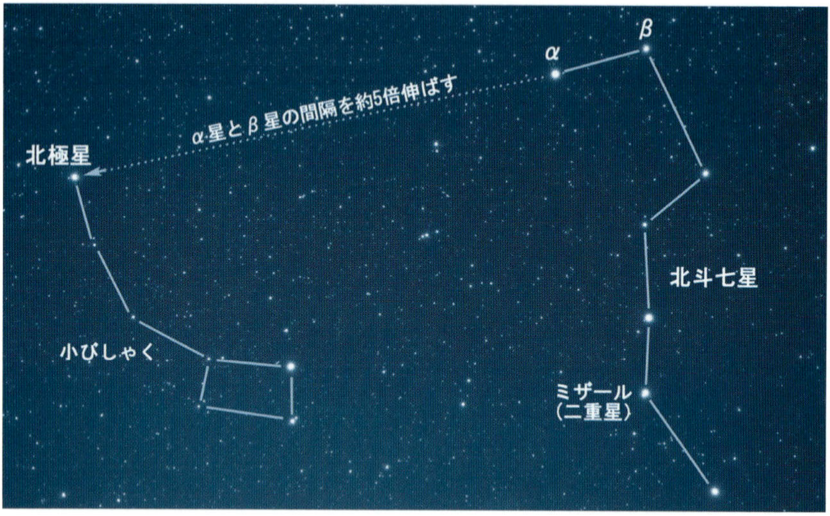

北極星とは，その名のとおり北極の真上で輝く星という意味だが，西洋では“ポラリス（Polaris）”，“ポールスター（Polestar）”と呼ばれている．これは極の星とか軸の星という意味で，日周運動の軸となって，いつも同じ位置で輝く星ということだ．昔日本では，北を十二支で子とすることから，“子の星”とか，“北のひとつ星”と呼んでいた．また中国では，“北辰”と言った．北を教えてくれる星として，とても重要な星だったのである．しかし厳密には，天の北極から約1°ずれているため，全く動かないわけではなく，直径約2°の円を描いて回転しているのである．

ところで，イスラム教の聖書コーランによると，北極星を見つめると目の痛みが消え，けがをしたときは北極星の光を傷に当てると治るということらしい．一度試してみてはいかがだろう．

北極星は，北斗七星から簡単に見つけることができる．マスの部分の一番端の星，α星とβ星の間隔を，β星からα星の方向に向かって5倍延ばせば，2等星の北極星が目に入る．

■北極星は交代する

北極星は，夜間北の方角を知るために欠かせない星だ．現在は2等星のこぐま座α星が北極星だが，不動の座にあるように見えるこの星も，やがて北極星でなくなる日がやってくる．理由は，止まりかけのコマがゆるやかに芯を回転させて動くように，地球の自転軸も，周期約25800年で半径23.5°の円を描いて首を振っているからだ．その結果天の北極の位置がずれて行き，北極星も交代して行くのである．今から5000年前はりゅう座のトゥバンが北極星だったし，12000年後にはこと座のベガが，北極星として華々しく輝く．

地球の自転軸の首振り運動によって代わるのは，実は北極星だけではない．まず，春分点がずれてゆくため，季節によって見える星座が代わってしまう．つまり歳差周期の半分に当たる約13000年ごとに，見える星座の季節が，夏にはオリオン座，冬にはさそり座が見えるという具合に，現在とは完全に逆転してしまう．また，夏至点と冬至点も入れ替わるので，たとえば，オリオン座の南中高度は，47°も変化することになる．ちなみに，オリオン座の南中高度は今が最も高い時期で，13000年前または後は，現在よりオリオン座の南中高度は47°も低くなり，リゲルは地平線下に消えてしまう．逆にさそり座の南中高度は，今よりも47度も高くなり，その結果日本からも南十字星が見えることになる．

私たちは，地球という宇宙船に乗って，星空を見上げながら，1日という周期で太陽や月や星が東から西へ動くようすを眺め，1年という周期で季節とともに星座が巡るおもしろさを何度も味わうことができる．しかし，残念ながら25800年という途方もない周期で巡る歳差運動による星空の変化も目の当たりにすることはできない．最初の文明が生まれて，まだ歳差円を1/4しか回っていないのだから．もし，歳差という静かながらダイナミックな変化を感じることができたら，きっとものの見方や考え方，人生観までもが変わるような気がする．

歳差運動のようす

中国で生まれた星座たち

私たちが夜空の星を結んで見つける星座は，メソポタミアで生まれ，ギリシャに渡り，世界へと広がっていった西洋の星座．しかし実際は世界の各地で星座が創造された．とくに長い歴史を持つ中国では，しっかりと体系付けられた星座が構築された．

■国家体系を形成する星座たち

私たちになじみの深いヨーロッパ起源の星座は，ギリシャ・ローマ神話や身近な人物・動物や道具をなぞっているのに対し，中国の星座はひとつの国家体系を形成している．

夜空の日周運動の中心である北極星は「天帝」の座とされ，そのすぐそばをめぐる星たちには宮殿の庭園や官庁，役人といった，高貴な事物をあてはめた．そして北極星から離れるに従い，庶民の住宅や市場など，次第に身分の低い存在を星座としている．このように形作られた中国の星座は，そのひとつひとつがとても小さく，全体の数が非常に多いのが特徴だ．3世紀に整理された段階で，実に300以上の「星座」が空にひしめいていた．

中国星座をあしらった時計（余山天文台）

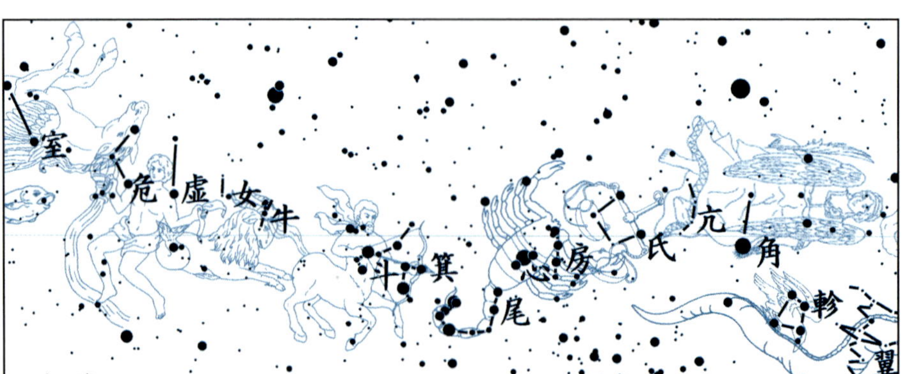

二十八宿

■二十八宿が基本

太陽の運行を基準とする暦を使っていた国や地域では，太陽の位置を把握することが重要なポイントだったので，太陽の見かけの通り道である黄道に沿って，12の星座，黄道十二星座を創造した．一方，月の運行を基準とする暦を使っていた中国では，天球における月の位置を把握することが必要だった．

月は，27.3日で天球を1周するので，中国では1日ごとの月の位置がわかるように，月の通り道に沿って28の星座を作った．これを二十八宿という．黄道12星座の出発点は春分点（現在のうお座）に対し，二十八宿の起点は秋分点に近い「角宿（かくしゅく），現在のおとめ座中央部」にある．

●四神（しじん）

28の星宿は，7つずつの4つのグループに分けられていて，順番に東，北，西，南の4つの方位に割り振っている．そしてそれぞれの方位に青竜，玄武，白虎，朱雀という4つの獣神をあてはめていた．

★青竜（せいりゅう）：東方の七宿．現在のさそり座のS字カーブと，それに続くてんびん座からおとめ座の領域に巨大な竜の姿を描いた．

★玄武（げんぶ）：北方の七宿．このあたりは現在の秋の星座の領域で明るい星が少ない．玄武とは黒亀のことだが，各星宿の名前は亀の姿とはあまり関係がない．

★白虎（びゃっこ）：西方の七宿．この七宿の最後に位置する参宿（オリオン座）を，足を広げた虎の姿と見立てた．

★朱雀（すざく）：南方の七宿．うみへび座の大きなカーブを巨大な鳥（鳳凰）と見立て，星宿の名前が付いた．

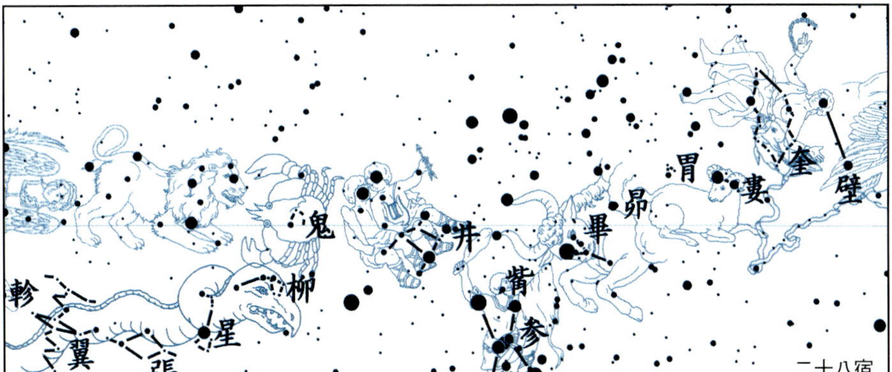

二十八宿

南十字星は何処？

風薫る5月．おとめ座が南の空でくつろぐころ，地平線の少し下で南十字星が南中する．星が好きになると，一度は見たい南十字星，サザンクロス……．なんと南国情緒あふれる響きか．日本（本土）からは見ることが難しいだけに，なおさら想いが募る．

■あこがれの南十字星

天の川の中に浮かぶ南十字星

南十字星は，正式には“みなみじゅうじ座”といって，4つの星が十字をつくる全天で一番小さな星座だ．1679年にフランスのロワイエが，ケンタウルス座の股の間で宝石のように輝く十字のあまりの美しさに，ケンタウルス座からその部分を切り取って新設したという．星が好きになると絶対に見たくなり，一度見たら忘れられないほど優美で荘厳な姿で，幸せな気持ちになれる憧れの星座だ．

■南十字とニセ十字

夜空に輝く4つの星を適当に結べば，十字星なんていくらでもできる．事実，南十字星の隣には，ほ座の2つの星と，りゅうこつ座の2つの星で，りっぱな十字架ができる．本物よりひとまわり大きくて目立つので，私もフィリピンで見上げた初めての南天の星空で，うっかり南十字星とまちがえてしまった．オーストラリアや

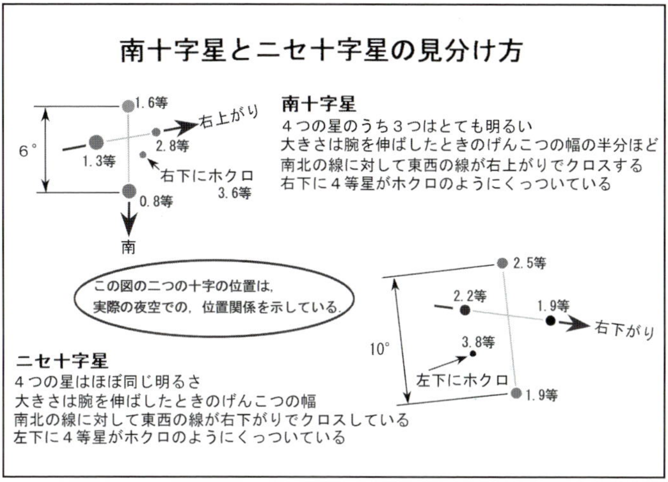
南十字星とニセ十字星の見分け方
1.6等
右上がり
6°
2.8等
1.3等
右下にホクロ
3.6等
0.8等
南
南十字星
４つの星のうち３つはとても明るい
大きさは腕を伸ばしたときのげんこつの幅の半分ほど
南北の線に対して東西の線が右上がりでクロスする
右下に４等星がホクロのようにくっついている
この図の二つの十字の位置は，
実際の夜空での，位置関係を示している．
2.5等
2.2等
1.9等
右下がり
10°
3.8等
左下にホクロ
1.9等
ニセ十字星
４つの星はほぼ同じ明るさ
大きさは腕を伸ばしたときのげんこつの幅
南北の線に対して東西の線が右下がりでクロスしている
左下に４等星がホクロのようにくっついている

ニュージーランドの観光ガイドも，平気でニセ十字を南十字として説明することもある．しかし昔の船乗りは，これを南十字星に対してニセ十字星と呼んでいた．

いったい，本物とニセモノのちがいはどこにあるのだろうか．北半球では，北の方角を示す星として，北極星が重要視されるが，実は本物の南十字星は，クロスする南北の2つの星の間隔を，南へ4.5倍伸ばすと，ちょうど北極星の反対側に当たる天の南極に到達するのだ．ここには，北極星に相当する明るい星はないが，南十字星はちゃんと南の方角を指し示す星として，南半球では，船乗りにとって重要な星だったのである．もちろんニセ十字星は南を指していないので，見まちがえるととんでもない方向に航海することになって，後悔することになるわけ．

■南の国のシンボル

南十字星は，南の国のシンボル的存在だ．オーストラリア，ニュージーランドはもちろん，パプアニューギニア，サモア，ブラジルも，国旗に南十字星をあしらっている．

オーストラリアの国旗

南国の象徴みなみじゅうじ座は，からす座が南中するころにそのずっと南で南中する．オーストラリアのシドニーでは，高度65°に見え，ハワイでは10°程の高さに見える．では，日本からは全く見えないかというと，そんなことはない．沖縄の那覇や，小笠原諸島の父島では，水平線スレスレに見ることができるし，一番北の星だけなら，四国の室戸岬や九州の長崎より南の水平線が見えるところなら，見ることができる．

南の国に旅をしたとき，ぜひとも憧れの南十字星を見つけて，感動的な出会いを満喫しながら，眺めていただきたい．

6月　水無月

■6月といえば，梅雨．くる日もくる日も低く垂れこめた灰色の雲の下，ジメジメムシムシが不快指数を押し上げる．梅雨が好きなのは，カビとダニぐらいなもの．しかし近年は少し状況が変わった．これまでのようなはっきりとした梅雨はなくなってきた感がある．ただ，ここでまとまった雨が降ってくれないと，水不足になってしまうので，それはそれで大きな問題だ．ところで6月の和名は，「水無月」．もちろん現代の状況から付けられたわけではない．旧暦の6月はすでに梅雨が明けて夏真っ盛り，そんなところから付いたとか，田んぼに水を張る時期であることから「水の月」とか，相反する説がある．

6月１日：21時ごろ
6月15日：20時ごろ

初夏とはいえ，おおぐま座・うしかい座・おとめ座の春の南北ラインは，天頂を貫いて，夜空の主導権はまだまだ春の星座が握っている．しかし気が付くと，北ー東ー南にかけての地平線上には，まるで霞のように夏の天の川が横たわり，虎視眈々と出番を伺っている．すでに北東の空には，こと座のベガ・わし座のアルタイル・はくちょう座のデネブがつくる，夏の大三角が出番を待っている．また東の空からは，大蛇を抱えた巨人へびつかい座がのっしのっしと昇り，南東の空には，夏はオレの季節と言わんばかりに，さそり座が上半身をもたげ，赤い1等星アンタレスが不気味に輝いている．

春の大曲線

北斗七星の柄の曲がりを利用して，ボールを投げるように南に向かって大きなカーブを描くと，二つの明るい星に出会う．最初に出会う1等星は，うしかい座のアルクトゥルス，次に出会うのがおとめ座のスピカだ．この大きなカーブを“春の大曲線”と呼んでいる．

■麦星と真珠星

アルクトゥルスは，うしかい座の主星で厳密には-0.04等，全天で3番目の明るさを誇る恒星だ．

黄金色に輝くアルクトゥルスが，ちょうど麦の穂と同じ色であること，収穫を迎える6月の宵に天頂近くに南中することから，日本では“麦星”と呼ばれている．麦の刈り入れが終わった夕暮れに，腰をたたきながら背を伸ばして天を仰いだときに，ちょうど目に入ったのがこの星だったのだろう．

また，麦から作った黄金色のお酒であるビールや冷たく冷やした麦茶がうまくなる時期でもある．麦畑に縁のない都会人には，“ビール星”といったほうがピンとくるかもしれない．6月といえば梅雨．アルクトゥルスには，五月雨星（さみだれぼし）なんていう，風情豊かな呼び名もある．

2番目に出会うのは，おとめ座のスピカ．明るさは0.98等．青白い清純な光を放つ1等星スピカは，まさに控え目なおとめ座の象徴でもある．4月の宵，うしかい座のアルクトゥルスより少し遅れて昇る．古代バビロニアではスピカの位置に麦の穂を描き，ギリシャ時代には麦の穂を持つ女神の姿を描いた．ギリシャ神話では，農業の女神デメテルの姿とされている．スピカとは“麦の穂”という意味だ．それは農業の女神デメテルの象徴であり，西洋人の主食のパンの原料でもあるから付いた名なのだろうか．それとも心を突き刺すような青白い輝きが，細く長い麦の穂を連想させたのだろうか．

スピカのことを日本では，清楚な純白の光を放つことから“真珠星”と呼んでいる．清楚な乙女の持つアクセサリーとして，お似合いのネーミングだ．

麦の収穫のころに南中するアルクトウルスとスピカ．日本ではアルクトウルスを，色合いや収穫時に南中する季節を感じる星として“麦星”と呼び，西洋ではスピカを，古代からの言い伝えや星座との関わりから麦にたとえている．洋の東西の人々が，同じころに見える違う星を“麦星”と呼ぶ感性の違いが，とても興味深い．

■男と女

うしかい座は男性，おとめ座は女性の星座だが，日本でもアルクトウルスを“男星”，スピカを“女（おなご）星”と名付け，まとめて夫婦星（めおとぼし）と呼び，七夕の牽牛・織女のように男女のペアに見立てている．

アルクトウルスは，固有運動がとても大きい星で，あと5万年もすると，アルクトウルスとスピカは仲良く並んで，名実ともに夫婦星になることが約束されている．

昼間が一番長い日～夏至

6月21日前後は，夏至．1年のうちで太陽が出ている時間が一番長い日だ．なぜ夏と冬では昼間の時間が違うのだろう．なぜ夏は暑く冬は寒いのだろう．そんなこと当たり前だといえばそのとおりだが，蒸し暑さの中で，ふとそんな素朴な疑問にぶち当たることがある．

■夏と冬では昼間の長さが5時間も違う

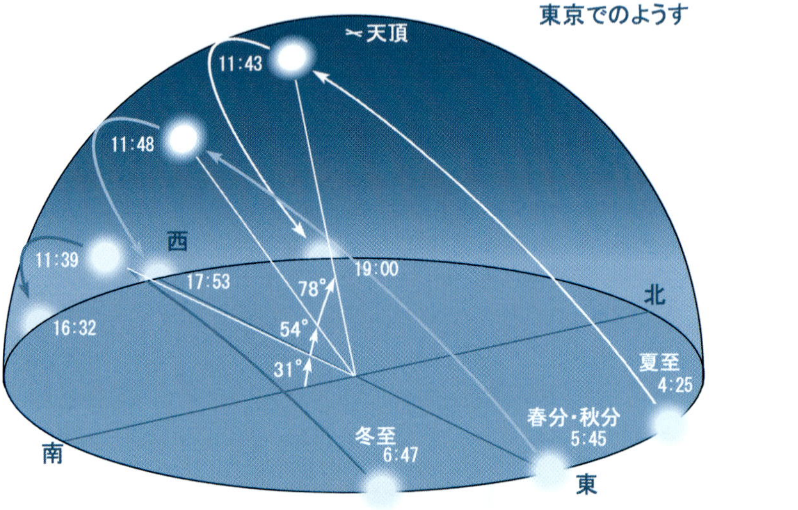

季節によって，太陽が昇る位置と沈む位置や，太陽の南中高度（真南に昇ったときの高度）は変化する．春分の日と秋分の日は，太陽は真東から昇り真西に沈む．そして太陽の南中高度は54°．6月21日前後の夏至の日の太陽は，真東から北へ28°の位置から昇り，78°の高さで南中する．逆に12月22日前後の冬至の日は，真東から南へ28°の位置から昇り，南中高度は31°しかない．夏至の日は，太陽が日の出から日の入りまで見かけ上最も長いコースをたどるため，昼の時間が最も長くなる．反対に冬至の日は，日の出から日の入りまで見かけ上最も短いコースをたどることになるので，昼間の長さが最も短くなる．ちなみに夏至の東京での日の出時刻は4時25分，日の入り時刻は19時00分．冬至は6時47分と16時32分．夏至と冬至の昼間の時間差は，およそ5時間もある．

夏至のころは，当然のことながら夜の時間が短くなる．日が暮れて完全に真っ暗になる薄明終了時刻は20時49分，薄明開始時刻は2時37分で，闇夜の時間は6時間程しかない．

■夏はなぜ暑いの？

夏（6月～8月）が暑くて冬（12月～2月）が寒いのは，なぜだろう．ふと思いつく理由はこんなところだろうか．

①地球は太陽の周りを楕円軌道で回っているため，夏は太陽と地球の距離が近くなり，冬は遠ざかるから．

②半年ごとに太陽の活動が活発になったり，衰えたりするから．

どちらももっともらしい答えだが，この理屈では，地球全体が同時に夏になったり冬を迎えることになる．ところが実際は，北半球の日本が夏を迎えるときは，南半球のオーストラリアでは冬なのだ．

夏暑く冬寒いのは，実は太陽の南中高度と日照時間に深い関係にある．懐中電灯で地面を照らすとき，斜めから照らすより，真上から照らすほうが地面が明るくなるのと同じように，太陽が高い位置から地面を照らす夏のほうが，地面に当たる単位面積当たりの熱量が多くなるため暑くなるというわけ．

では，暑さのピークを迎えるのも6月の夏至の頃かというと，そうではない．最高気温を記録するのは，おおむね7月下旬から8月上旬だ．その理由は，強い日射と長い日照時間によって，海水や地面が徐々に熱せられるため，猛暑は7月から8月にやってくることになるからである．

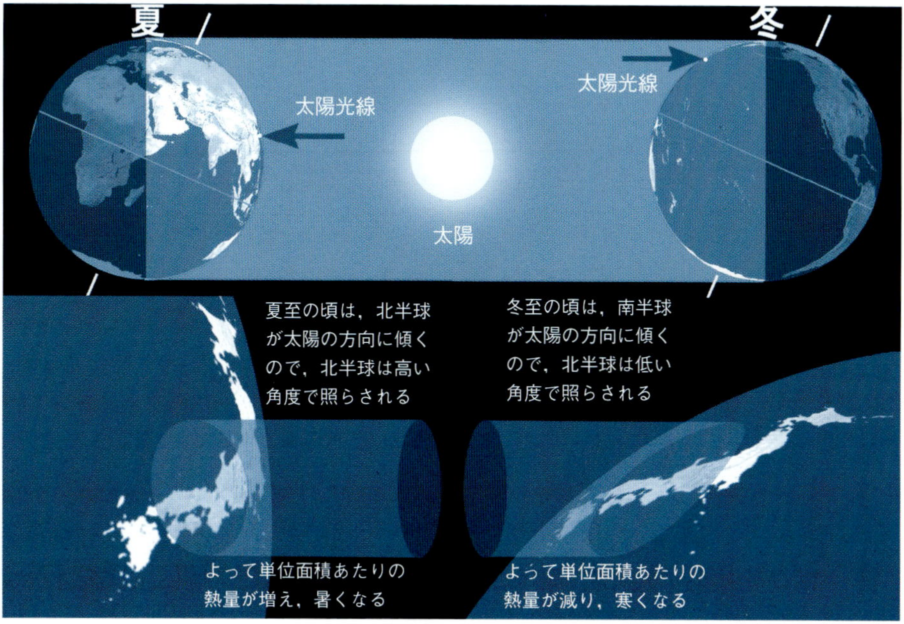

縄文時代の暦は太陽暦?!

日本では，6世紀後半に中国から伝わった「太陰太陽暦」が明治5年まで使われていたが，今から1万年ほど前の縄文時代には，太陽の運行を基にした「太陽暦」を使っていたらしいという証拠が，縄文遺跡から見つかっている．

■縄文時代はどんな時代？

岩屋岩陰遺跡は，太陽観測所だった？

縄文時代は，紀元前14500年ごろから紀元前1000年ごろの1万年以上に及ぶ期間をさす．もちろん前期・中期・後期などというようにいくつかの期間に分けられるが，1万年以上続いた時代は世界的に見ても類を見ない．

縄文時代は，それまで続いた氷期が終わり，温暖な時期に向かうときに栄えたので，石器，土器などの新しい技術が登場し，移動生活から定住生活へと移行して，村を作り，犬を飼い，後期には稲作も始まっている．縄文人は文字を持たなかったため，詳しい情報は残っていないのが残念だが，自然と共生しながら平等な社会を築き，芸術的才能にも優れた，大変豊かな文化を持った時代だったと言えるだろう．

今から5000年前に登場した4大文明と呼ばれる，メソポタミア文明，エジプト文明，インダス文明，中国文明に匹敵する時代であり，縄文文明と呼んでもおかしくないと評する考古学者もいるぐらいだ．

■縄文人は閏年を知っていた?!

岩の下に入り調査員から説明を聞く

そんな豊かな感性を持つ縄文人は，どんなカレンダーを使っていたのだろう．それを知る手がかりが，岐阜県下呂市金山町にある縄文遺跡「岩屋岩蔭遺跡」を中心とする巨石群から見つかった．3か所にある巨石群はいずれも春分・夏至・秋分・冬至の日を特定する観測所だったというのだ．

とくに，巨大な岩が折り重なるように三角形に配されている「岩屋岩蔭遺跡」は，中央の岩の傾斜角は40°あり，冬至を挟んで前後約61日間（10月23日ごろ～2月20日ごろ）岩の奥まで陽がさし込むようになる．また，中央の岩と向かって右側の岩が作る隙間からは，春分・秋分を挟んで前後約30日間（2月21日～4月21日，8月23日ごろ～10月23日ごろ）奥にスポット光がさし込む．そして夏至を挟む前後約61日間（4月22日～8月22日）は全く陽がさし込まなくなる．これを継続して観測し，365日の周期で繰り返していることを知っていたのだという．また，中央の岩の奥にある特定の3個の石のうちの1個には，2月28日に陽が当たり始め，10月14日に当たらなくなるが，4年に一度10月15日まで照らすことから，4年に一度1日多くなる，つまり366日になることも知っていたらしいということがわかってきた．

縄文人の1年の数え方
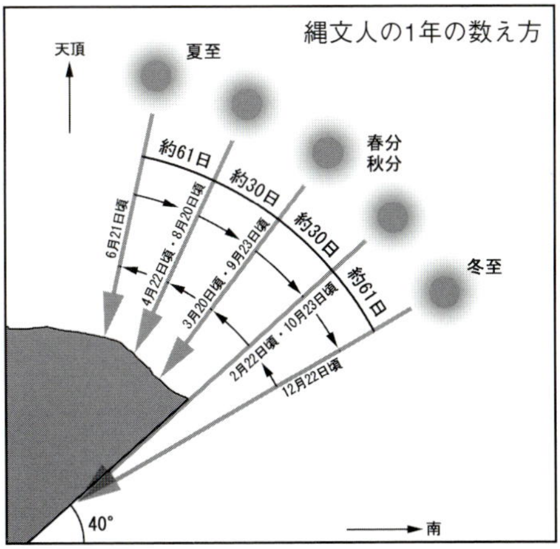

このことから，縄文人は農耕に適した太陽暦を使い，しかもすでに閏年を知っていたということになる．

縄文時代と言えば，旧石器時代と弥生時代の間で，まだまだ，大した文明や文化はなかったのではないかと思われがちだが，四大文明に匹敵するかなり高い文化水準を持っていたことをうかがわせる事例だ．私たちは縄文時代をもっと知り，その文化を再認識する必要があるのではないだろうか．

君を忘れない〜はやぶさ君

火星と木星の間に無数に散らばる岩石のような天体，小惑星．いったい小惑星とはどんな天体なのか？ そんな謎を解き明かすため，サンプルリターンを目指して2003年5月9日，小惑星「イトカワ」に向けて，ささやかな探査機「はやぶさ」が飛び立った．

■「はやぶさ」の成功と災難

小惑星イトカワに到着した「はやぶさ」（想像図）

2005年9月に無事にイトカワに到着した「はやぶさ」は，2ヶ月ほど軌道上から「イトカワ」の詳細な科学調査を行ない，いよいよ11月，自律航行によるサンプル採集に2回挑戦し，2回目は見事に成功．隼のごとく舞い上がった「はやぶさ」は，2007年7月に地球に帰還するはずだった．ところが災難が襲いかかった．

1回目のタッチダウンでかなりダメージを受け，離陸直後，燃料等のガス噴出が原因と思われる姿勢制御不能に陥り，地球との交信ができなくなってしまったのだ．

その後，地上スタッフの懸命の努力により，通信が回復．何とか帰還させたいというスタッフの強い想いが通じ，はやぶさの機能は不完全ながらも奇跡的に回復し，2010年6月地球帰還を目指して，2007年4月25日，イトカワを後にした．途中イオンエンジンのトラブルに見舞われながらも，スタッフの涙ぐましい努力の甲斐あって，地球に帰ってきた．

■6月13日は「はやぶさ凱旋記念日」

「はやぶさ」は，2010年6月13日，再突入約3時間前の19時54分，高度約6万kmでカプセルを秒速10cmというゆっくりとした速度で分離することに成功．そして最後の力を振り絞って，イトカワの位置を確認するために使われていた航法用カメラを地球の方向に向け，最後の撮影を行った．そこに写った星は，「はやぶさ」の故郷．そこに見えたものは，「はやぶさ」の涙でかすんだ地球だった．

そして22時51分，「はやぶさ」とカプセルは高度約200kmで並んで大気圏再突入．「はやぶさ」とカプセルは，高度100km付近で美しい流れ星となり，「はやぶさ」は小さな星に分解し，きらきらと光り輝きながら消えて行った．一方カプセルは燃え尽きることなく降下し，高度5kmでパラシュートを開き，所在を示すビーコン電波を出しながら，23時08分オーストラリア南部のウーメラ砂漠に無事着地した．そして，23時56分にはヘリコプターからカプセルを発見，翌14日午後4時38分には，無事回収された．

カプセルの内部は，JAXA宇宙科学研究所の専用装置で精査が続けられ，11月17日，ついにイトカワ由来のものとされるチリが見つかった．これは月以外から持ち帰った物質としては，世界初！のものである．

大気圏に再突入し，星になったはやぶさ君
©NASA

■世界に誇れる日本の科学技術

今回の「はやぶさ」の快挙について，プロジェクトマネージャー川口淳一郎教授の記者会見の言葉，「この計画は欧米と比べても背伸びした計画」「神がかり的だった．今，こうして（成功の）会見の場にいることが夢のよう」「日本の惑星探査に自信と希望を与えられた」などからもわかることは，宇宙開発先進国アメリカでも実現していない，無人探査機が月以外の天体から試料を持って帰ってくるという離れ業を日本が成功したという事実だ．もちろん「神がかり的」だったかもしれないが，日本の高い科学技術，日本人の精神力．まさに「心・技・体」が一つになって成し遂げられた，日本人だからこそできた，世界に誇れる出来事だといえよう．

「はやぶさ君」，夢と希望と元気をありがとう！ 君のことは絶対に忘れない．

7月　文月

■暑い南風が灰色の雨雲を吹き飛ばしてくれると，待ちに待った梅雨明け……といきたいところだが，近年どうも梅雨明けがはっきりしない．かつては「梅雨明け10日」といって，梅雨が明けてから10日間は快晴の日が続いたものなのだが…… ．ところで，7月の和名は「文月」．七夕にちなんでつけられた呼び名だと言われているが，稲に穂が実る時期だということから，「穂含月」がなまったものだという説もある．しかし文とは手紙のこと．牽牛織女への願い事を書いた手紙か，牽牛と織女の間で交わされた恋文と思う方がロマンがある．

7月１日：21時ごろ
7月15日：20時ごろ

7月も中旬を過ぎると待ちに待った梅雨明け．快晴になった夜空には，東から夏の華やかな星座たちが元気よく登場している．春の星座たちは，夏の星座の露払い役であるりゅう座，ヘルクレス座，へびつかい座に蹴散らされ，まだ薄明が残っている西の地平線へと押しやられてしまった．天の川は北の地平線から始まり，織姫星と彦星の間を流れ，少しずつ幅を広げ濃くなりながら，東へ蛇行してさそり座といて座を浸して南の地平線へと流れて行く．「今年も暑い夏がやってきた」と思う瞬間だ．

夏の大三角

じれったいほど長い薄明が終わり，漆黒の闇が包み始める午後8時過ぎ，梅雨明けの東空に細長い三角形を作る三つの明るい星が目に入る．満天の星空の下なら，その三角の間を天の川が流れていることもわかるだろう．この三角が，「夏の大三角」．

■ペアの星ベガとアルタイル

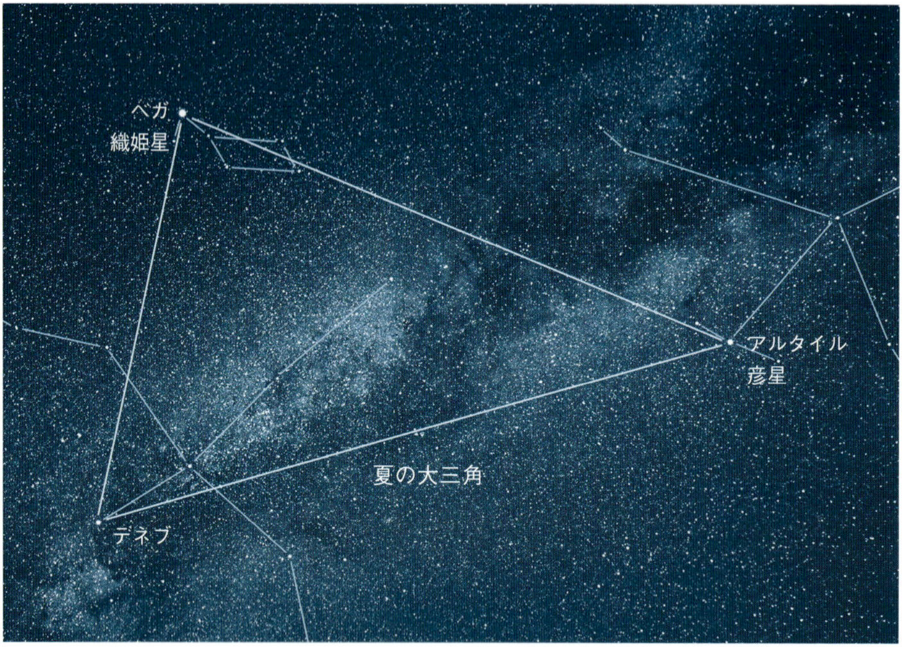

夏の大三角を作る三つの星は，どれも純白の美しい星．ただ明るさは微妙に違う．一番高いところで一番明るく輝く星がこと座のベガ．2番目に明るい星は，ベガの右下で輝くわし座のアルタイル．そして3番目の星は，ベガの下で光るはくちょう座のデネブだ．

ベガの「私を見て見て」と言わんばかりの輝きには，清楚で高貴な雰囲気が漂っているが，それを裏付けるように「真夏の女王」「夜空のアーク」という名前ももらっている．しかもほぼ天頂に南中するのだから，「なんて小生意気な星」とさえ思えてしまうのだが，その輝きを目にするとあまりに美しすぎて，すべてを許してしまう．それに，ベガは「真夏の女王」にふさわしい実力と魅力も持っている．まずベガの明るさは0.0等．等級を数学的に決めたとき，偶然にもベガが0.0等という明るさに合致．等級のものさしの基準とも言える星になってしまった．また，現在の北極星は，こぐま座の α 星だが，地球の歳差運動により，12000年後にはベガが北極星の座を手にすることが約束されている．さらに太陽系は，秒速19kmでベガに向かっていると聞くと，ああベガ様もうどうにでもしてくれという気分になってしまいそう．

では，アルタイルはというと，「真夏の王」という名が付いているわけでもなく，ベガに比べるともうひとつ派手さのない星のようだ．これはひとえにベガより暗く南中高度が低いことに原因があるらしい．しかし，それではあまりにも悲しすぎるので，アルタイルの名誉のためにこの話を付け加えておこう．アラビア語のアルタイルとは「飛ぶワシ」，それに対してベガは「落ちるワシ」という意味なのだ．この名から，大きな翼をはためかせて高く高く昇るワシに期待しようではないか．ちなみに，ベガは七夕の「織姫星」，アルタイルは「彦星」である．

■実力No.1のデネブ

3番目のデネブは，ベガの0.0等，アルタイルの0.8等に対して，1.3等と見た目も暗く感じる．とはいっても，これは地球から見たときの見かけの明るさであって，本当の明るさではない．暗い星でも地球に近ければ明るく見えるし，明るくても遠ければ暗く見えるってわけだ．星の本当の明るさの表し方を，絶対等級と呼んでいる．三つの星の絶対等級は，距離25光年のベガ0.6等，17光年のアルタイル2.2等に対して，距離1800光年とずば抜けて遠いデネブは，なんと−7.2等星なのだ．

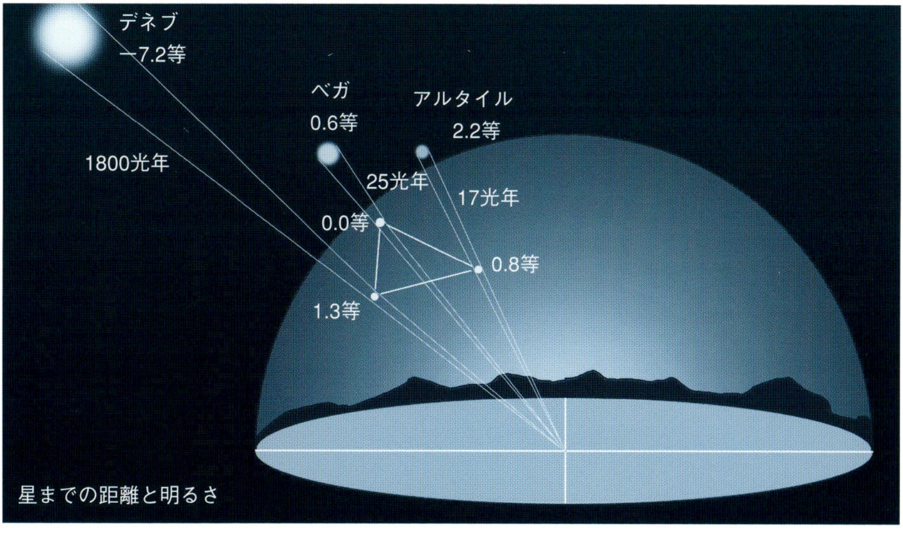

星までの距離と明るさ

七夕祭り

7月7日は誰でも知っている星祭り．笹竹に願い事を書いた短冊を飾ったり，織姫星と彦星がこの日だけ逢うことができるという星伝説に耳を傾けたり，あちこちの街で，街を上げての七夕祭りが開催される．七夕のルーツってどこにある？

■旧暦7月7日に行うのが本来の七夕

現在は，七夕は7月7日にお祭りするのが当たり前になっているが，実は7月7日の七夕は言ってみればリハーサル．本番はその後にやってくる．

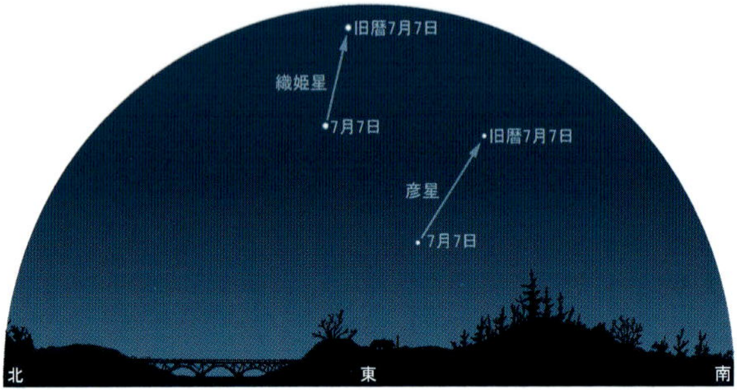

「いったいどういうことなの？」って不思議に思うよね．これは今と昔では使っているカレンダーが違うから起こることだ．現在私たちが使っているカレンダーは，太陽の運行を基準にした太陽暦（新暦）を採用しているが，明治5年までは月の運行を基準にした太陰暦つまり旧暦を採用していた．旧正月とか旧盆といわれるのがそれに当たる．そして七夕も本来は，旧暦の7月7日に行われるイベントなのだ．

それに，考えてみると，新暦の7月7日といえば梅雨の真っ最中．めったに晴れないのに，こんな時期に織姫星と彦星を逢わせるチャンスを与えたのは，いじめとしか思えない．おまけに仮に晴れたとしても，この時期はまだ天の川の高度が低く，はっきり見えない．それに対して，新暦からおよそ1ヶ月遅れの旧暦の7月7日なら，梅雨も明け，天の川も高く昇って，星の輝きにも磨きがかかって，七夕祭にふさわしい星空となるわけ．これなら二人も安心してデートすることができるというもの．

■もし雨が降ったら二人はどうなるの？

★カサザギが橋を架ける

ところで，もし7月7日の夜，雨が降って天の川の水かさが増して川を渡れなくなったら，七夕伝説によると，どこからともなく数え切れないほどの鵲（カササギ）が飛んできて天の川に橋をかけて，二人が川を渡れるようにしてくれるという．なぜカササギはそんな粋な計らいをしてくれるのか，それにはちゃんとわけがある．

まだ二人が恋人時代だったとき，彦星が織姫星にしたためた恋文を，一羽のカササギに託した．ところがその大切な恋文を途中で天の川に落としてしまったため，織姫の元に届けることができなかったのだ．どうやらその罪滅ぼしのためらしい．

カササギは韓国の国鳥で，カラスほどの大きさで白と黒のブチの模様を持つ鳥．昔は日本にはいない鳥だったが，豊臣秀吉が朝鮮に出兵したとき，カチカチカチという鳴き声が縁起がいいということから，日本に連れ帰り，佐賀県地方で繁殖したらしい．星空では，織姫星と彦星の間を悠々と飛ぶはくちょう座が，カササギに当たる．

★月が織姫を運ぶ

また，「織姫星は，月の船に乗って天の川を渡る」という言い伝えもある．織姫星は天の川の西の岸に，彦星は天の川の東の岸に離れ離れになっている．旧暦の7月7日は，必ず月齢7の半月(上弦の月)で，天の川の西の岸に見えている．この月を船に見立てた．ためしに七夕から毎日月の動きを見ていると，なんと月は毎日少しずつ東へ動いて，天の川を渡ってゆくように見える．昔の人は，四季折々星や月を見上げては，ロマンに花を咲かせていたんだね．

■もうひとつの七夕　乞巧奠

また，七夕と言えば，笹竹に願い事を書いた五色の短冊を飾って，織姫星にお願いするというお祭りの仕方もある．この流れは前述の星伝説とはまた別の，乞巧奠（きこうでん）と呼ばれる儀式から派生している．どちらも奈良時代に中国から伝わってきたという．

乞巧奠とは，宮中や貴族の女子が，五色の反物や野菜などをお供えして織姫星を祭り，裁縫や習字などの上達をお願いする行事だ．それが，江戸時代になり庶民にも広がり，笹竹を飾るようになった．また，日本では七夕とお盆とを重ねて，先祖をまつる前のけがれをはらうみそぎの行事でもあったという．地方によっては，七夕に笹竹に飾った短冊が流れ落ちるほど雨が降ると願いがかなうというところもある．

江戸時代の七夕（広重）

日本古来の暦「旧暦」

私たちが日ごろ何げなく使っているカレンダー．カレンダー（暦）とは，人々の生活に共通の秩序を与えるための，時の長さを測る物差しのようなものだろう．今は「太陽暦」を採用している国が多いが，最初に生まれたカレンダーは，月の満ち欠けを基準にした「太陰暦」だった．

■最初の暦は「太陰暦」だった

日ごろカレンダーを持たない人が，カレンダーとして使うのに都合がよいものはといえば，規則正しく運行する天体，それも目立つもので，太陽か月だろう．特に月は昼も夜も見えるし，満ち欠けと見える位置で，人々の共通の時を刻むことができる．そんなわけで多くの国で最初に生まれたカレンダーは，月の満ち欠けを利用した「太陰暦」だった．

新月から満月になり，また新月にもどる月の周期である1朔望月は，およそ29.5日．だから，29日の月と30日の月を交互に12回繰り返せば354日となり，1年（365日）に近くなる．とはいっても太陽の公転周期で測る1年（365日）とは11日のずれがある．

太陰暦は，遊牧民や漁民の社会には適しているが，季節変化とのずれが徐々に大きくなっていくため，季節が大きくかかわってくる農耕社会には適さなかった．

■そこで生まれた「太陰太陽暦」

この季節とのずれをなんとかしたいと考え，紀元前5世紀，ギリシャの自然哲学者メトンは，太陽年に合わせて太陰暦を調整する方法を編み出した．

メトンは，19太陽年が235朔望月であることをつきとめた．ところが19太陰年では228朔望月にしかならないから，19太陰年の間に7ヶ月余分に月を入れれば，太陰年と太陽年の足並みがそろうというわけである．もっとわかりやすく言うと，2年から3年に1回ずつ閏月を挿入して，1年を13ヶ月とすればよいことになる．

ただし，太陰太陽暦では，通常の1年は354日だが，閏月が入る年は，384日前後の長い1年となってしまうという厄介な問題もはらんでいた．

■日本での太陰太陽暦（旧暦）の変遷

徳川吉宗は改暦に力を注いだ

中国の「太陰太陽暦」は4千年前にスタートしたが，日本で使われ始めたのは，西暦604年，推古天皇の時代になってからだ．

その後日本の年号は正確に表されるようになった．農業漁業の生産性が飛躍的に伸び，生活も豊かになり，天平文化につながっていった．ところが894年，遣唐使の制度が廃止されるとともに，改暦の情報が入らなくなり，800年後には，中国の暦との間に2日のずれが生じてしまっていた．1685年，それに気付いた江戸幕府は，渋川春海に命じて「貞享暦」に改暦．北京と京都の時差まで修正．その後八代将軍徳川吉宗の命で，宝暦4年，寛政9年に修正を加える．最終的に1842年（天保13年）「天保暦」が完成し，1872年（明治5年）まで使われた．

●旧暦（天保暦）の流儀

① 暦日は，京都における地方真太陽時，午前0時に始まる．

② 太陽－月－地球が一直線（同一黄経）になるとき，つまり「朔（新月）」を1日（ついたち）とする．

③ 24節気の「雨水」の直前の新月を，元旦とする．

④ 暦月中，「冬至」を含む月を11月，「春分」を含む月を2月，「夏至」を含む月を5月，「秋分」を含む月を8月とする．

⑤ 各宮の原点に，太陽のある時刻を「中気」とする．

⑥「閏」は，24節気のうち「中気」を含まない暦月におく．ただし中気を含まない月が「閏月」になるとは限らない．

西暦	干支	旧正月	閏月
2011	辛卯	2月 3日	
2012	壬辰	1月23日	四月
2013	癸巳	2月10日	
2014	甲午	1月31日	九月
2015	乙未	2月19日	
2016	丙申	2月 8日	
2017	丁酉	1月28日	六月
2018	戊戌	2月16日	
2019	己亥	2月 5日	
2020	庚子	1月25日	四月

旧正月の日付と閏月

■旧暦は「人」本来のリズムかも

今でこそ使われなくなった旧暦だが，月の満ち欠けは自然界や私たちに大きな影響（リズム）を及ぼしていることは間違いない．旧暦は，そんな自然界のリズムと私たちの日々の営みをリンクするためのカレンダーだったのだろう．IT社会に翻弄され，生活に疲弊しきった現代，今一度旧暦に戻ってみるのもいいかもしれない．

月への道～アポロ計画

今から43年も前の1969年7月21日の未明，私はテレビにくぎ付けになっていた．大小無数のクレータが，テレビ画面の上から下へと流れてゆく．そして固唾を飲んで見守る中，アポロ11号の月着陸船イーグルは，人類史上初めて月面に舞い降りた．

■米ソ宇宙開発競争

第2次世界大戦時，イギリスを震え上がらせたドイツのV2号ミサイルの技術は，戦後アメリカとソ連に受け継がれ，米ソ冷戦という新たな構図の中で，宇宙開発の基礎が築かれていった．

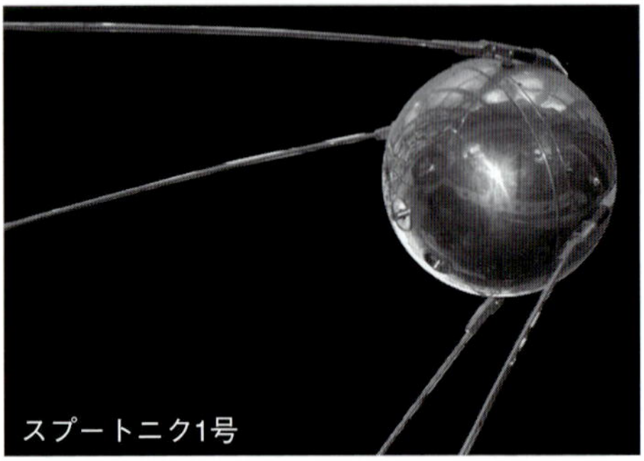
スプートニク1号

1957年10月4日，ソビエトは史上初の人工衛星スプートニク1号の打ち上げに成功，翌11月3日にはライカ犬を乗せたスプートニク2号を打ち上げた．先を越されたアメリカは「スプートニクショック」に陥った．さらにソビエトは追い打ちをかける．1961年4月12日，ボストーク1号に搭乗したユーリ・ガガーリンは，人類史上初の宇宙飛行士となった．「地球は青かった」という言葉が地球の大切さを象徴する言葉として，印象に残る．

これに途方もない危機感を覚えたアメリカ大統領ジョン・F・ケネディは，1961年5月25日の議会でこう演説した．

議会で演説するケネディ大統領

「1960年代が終わる前に人間を月に着陸させ，地球に連れ戻す……アメリカはこの目的を達するために準備を始めるべきだ．私は信じる．月に行くのは飛行士だけではない．アメリカ全国民が月に行くつもりで，力を合わせなければならない」

そして，そのプロジェクトは，ギリシャ神話の太陽と音楽の神，若々しくたくましい美青年アポロの名を取って「アポロ計画」と名付けられた．アポロは，月の女神アルテミスと双子の兄弟でもある．双子の兄弟がロケットで結ばれる……今にして思えば，ロマンを感じずにはいられない命名であったと気が付く．

■アポロ8号，月を周回

実質的に1966年から始まったアポロ計画はアポロ1号の地上試験中に発生した火災で3人の宇宙飛行士の尊い命が奪われるなど，試練を越えながら着実に進む．そして1968年12月21日アポロ8号が打ち上げられ，クリスマスに月を10周して帰ってくるという快挙を成し遂げた．このアポロ8号の船長の名が，同じ年に封切られたSF超大作「2001年宇宙の旅」に登場する宇宙船ディスカバリー号の船長デビッド・ボーマンと副船長のフランク・プールと同名のフランク・ボーマンだったことが強く印象に残っている．いずれにしても，アメリカにとっては，宇宙開発競争において初めてソビエトをリードした記念すべき出来事だったのだ．

そして勢いに乗ったアメリカは，1969年7月21日のアポロ11号の人類初の月着陸へと一気に突き進んだ．

アポロ11号の船長ニール・アームストロングが，月面に第一歩を記したときの言葉，

「私にとっては小さな1歩だが，人類にとっては大きな飛躍だ」は，一生忘れることはないだろう．

その後アポロ13号は，地球軌道の離脱直後に発生した機械船の酸素タンク爆発事故により，月着陸を断念，決死の努力で地球帰還を果たした．また，当初は20号まであった計画は，予算削減のため17号で打ち切られることになるという，ちょっと寂しい幕切れとなってしまった．

■世界中の人たちの心をときめかせたアポロ計画

今，思い返してみると，アポロ計画は，スペースシャトル計画やISS計画ではあまり味わえない，冒険心，夢，希望，元気を地球人みんなに与えた，アメリカらしいフロンティアスピリットに満ちた計画だったと言えるだろう．その時代に青春を生きた私は，幸せ者だったかも．「アポロ11号は，実は月に行っていない」なんていう話もあるが，あんな大規模なウソはつき通せまい．そんなことよりも，アポロ計画のような心をときめかせる，ワクワク時代を再び創造したい．

8月　葉月

■ギラギラと容赦なく照り付ける太陽．青い空に上昇気流に乗ってどこまでも垂直に伸びる入道雲．いらいらをかきたてる耳障りな蝉時雨．雨の嫌いな天文ファンでも一雨欲しいなと思う瞬間だ．そんなとき夕立が来ればしめたもの．夕立の雲が切れると，夏の星座が夜空いっぱいに広がる．8月の和名は，「葉月」．目に青葉のごとく，青々と生い茂った葉っぱが青空に揺れるところから付いた名前だと思ってしまうが，8月は旧暦では中秋．木の葉が紅葉して舞い散る月，つまり「葉落ち月」がなまって「葉月」となったらしい．

8月 1 日：21時ごろ
8月15日：20時ごろ

浴衣に下駄履きで，蚊取線香と花火を手にして，気楽にスターウォッチングとしゃれこもう．雨上がりの涼しい風が身も心もさわやかにしてくれると，遠慮することを知らない蝉時雨も今夜ばかりは気にならない．

秋の香りをほんの少し感じさせる，北の空のカシオペヤ座あたりから始まった夏の天の川は，夏の大三角で中州をつくりながら大河となって，いて座からさそり座を飲み込み南の地平線に消えて行く．この雄大な流れの中に埋もれている星座を丁寧に掘り起こしながら，天の川を下ってみよう．きっと夏の暑さも，時の流れも忘れてしまうことだろう．

銀河鉄道に乗って

宮沢賢治の童話「銀河鉄道の夜」は，川に落ちた友だちを助けようとして身代わりとなったカムパネルラとともに，主人公のジョバンニが，銀河鉄道に乗って，天国までの不思議な旅に出るという物語．夏の一夜，「銀河鉄道の夜」を読みながら天の川下りを楽しもう．

■童話「銀河鉄道の夜」とは

「銀河鉄道の夜」は，単なるファンタジーではなく，しっかりと科学的に裏付けされている．そして，銀河鉄道の銀河ステーションからサザンクロス駅までの道程は，実際の星空と合致している．その一部をのぞいてみよう．

★午後の授業

冒頭の「午後の授業」では，昭和初期やっとわかってきた銀河系のことが，先生とジョバンニやカムパネルラのやり取りのなかに，生き生きと語られている．それは，

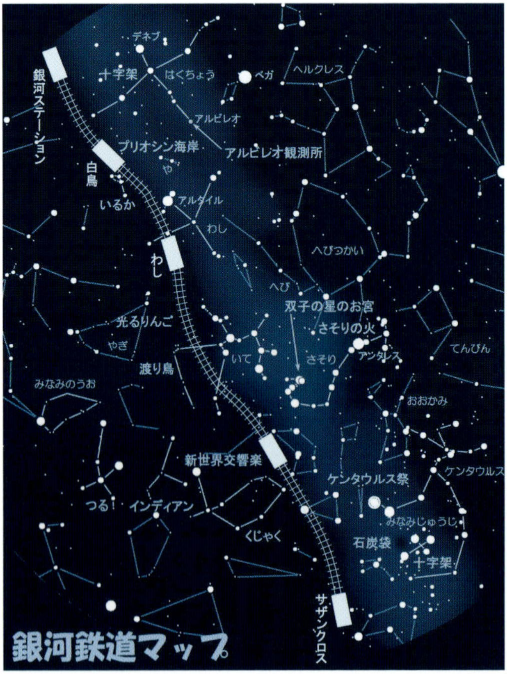

・天の川は，無数の星の集まりであること
・天の川の星々は，太陽のように自分で光っている星であること
・天の川は凸レンズ状をしていること
・太陽や地球は，天の川の中にあること
・地球から凸レンズの中心方向とその反対方向は，ガラスが厚いので，それだけ星が多いため光の帯となって見えること
・この凸レンズを「銀河」と呼ぶこと

★アルビレオ観測所

アルビレオ観測所とは，天の川の中で，トパーズとサファイアの球がたがいに回りあって，天の川の水流を測る施設という設定．アルビレオは，はくちょう座のくちばしで光る星．オレンジ色の3等星とブルーの5等星に分離する美しい二重星であ

ることで有名だ．宮沢賢治は，すでにアルビレオが二重星であることを知っていたからこそ，トパーズ（黄）とサファイア（青）と表現したのだろう．

★蠍の火

小さな虫を食べて生きていた嫌われ者の蠍（さそり）が，いたちに食べられそうになったとき，必死に逃げて，井戸に落ちて溺れてしまう．そのとき蠍は，「こんなにむなしく命を捨てず，次は真のみんなの幸せのためにこの体をお使いください」と神に祈った．すると，蠍は自分の体が真っ赤な美しい火になって燃え，闇を照らし始めた．それが今も光り輝き，周りの明かりが蠍の形に並んで光っている．この赤い光は，もちろんさそり座のアンタレスのことだ．

■宮沢賢治が問い続けたもの

「銀河鉄道の夜」というファンタジーの中に隠された永遠のテーマ，「本当の幸せ」について，賢治はどう考えていたのだろう．

残念ながら明確な答えは見つからない．しかし，タイタニック号の事故で水死した子どもたちや燈台守との会話では，「人の幸せのためにどうしたらいいのか」「何が幸せなのか」を自問自答している．そして賢治の想いは，井戸で死ぬ蠍に込められる．「自分は日ごろ小さな虫たちを自分のために食べているのに，いたちが生きるために自分を食べようとしたとき，なぜ逃げたのか？ 結局溺れて死んでしまうぐらいなら，いたちにこの体を食べさせてあげればよかった……」で爆発する．

「銀河鉄道の夜」は，自分の命を投げ出してまで，ザネリを助けたカムパネルラの精神を通して，「本当の幸せ」とは何かを，ジョバンニが悩みながら答えを見つける旅に出る物語だといえるだろう．そしてその答えは，カムパネルラの言う「僕わからない」であり，ジョバンニの「僕たちしっかりやろうね」だと思う．

作品全体を通して流れている賢治の思想には，他人の痛みを自分のものとして受け入れてしまう優しさ，自然と人，人と人は，お互いつながりあってしか生きていけないという優しさが流れ，それを実践することが「本当の幸せ」である，という確固たる信念を強く感じることができる．

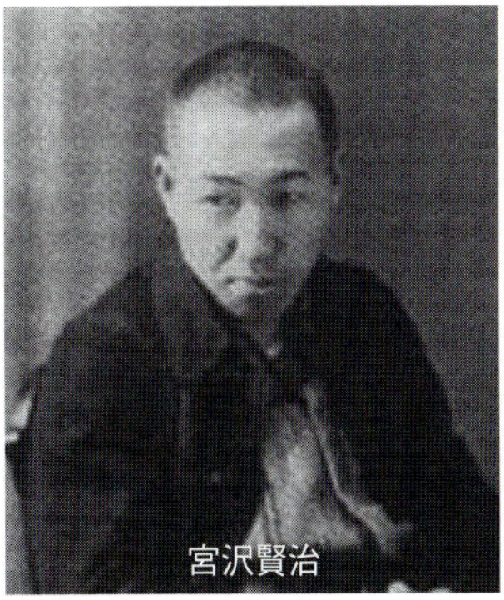
宮沢賢治

夏の夜のひととき，「銀河鉄道の夜」を片手に天の川を下りながら，こんな時代だからこそ「本当の幸せ」について，もう一度考えてみたい．

天の川の正体

都会では，全く縁のない天の川．おかげで，満天の星空を見上げた子供たちは，「うわ，星がいっぱいでジンマシンみたい．気持ち悪い！」と叫ぶ．大人でも「今夜は雲があるのに，星がよく見えますね」とくる．もっと天の川を見て天の川のことを知ろう．

■世界の天の川

夏の天の川

星空の中を雲のように流れる天の川．道や川にたとえられていることが多い．たとえば西洋ではミルキーウェイと呼んでいる．これは赤ん坊のヘルクレスが母親ヘラの乳房を力いっぱい吸ったときに，ほとばしり出た乳が天まで届いて川になったというギリシャ神話から名付けられた．

また，スウェーデンなどの北欧の地方では，亡くなった人の魂が，星になるため天に昇るときの道と考え，天の川のことを「魂の道」と呼んでいた．さらにフランスでは，ヤコブという神父が天国に行ったときに歩いた道ということで，「聖ヤコブの道」と呼ばれていた．

古代エジプトでは，ギザの三大ピラミッドの近くから南の方向を見ると，ナイル川と天の川がつながっているように見えたため，天の川を「天のナイル川」と呼んでいたそうだ．おとなりの中国では天の川を銀色に輝く川ということで「銀河」と呼んでいた．これが七夕伝説とともに日本に伝わって，日本では天の川のことを「銀河」とも呼ぶようになった．

■天の川は私たちの銀河の姿

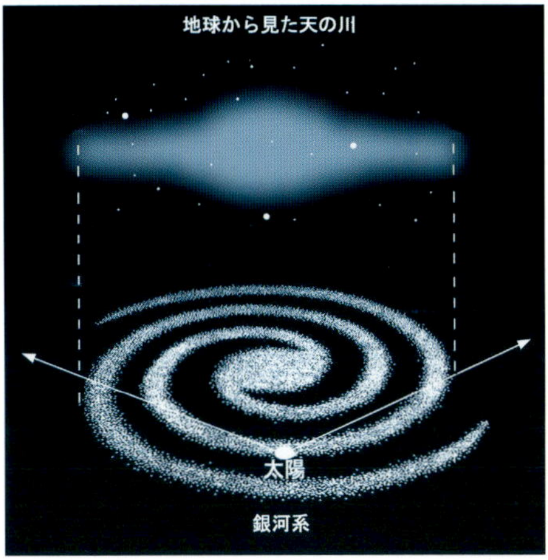

さて，雲のように見える天の川の正体は，実はかすかな星の集まりだ．このことは紀元前400年ごろのギリシャの哲学者デモクリトスが予想していた．しかし実際にそのことが確かめられたのは，1610年ガリレオ・ガリレイが手製の望遠鏡を天の川に向けたときだった．

天の川は秋にも冬にも見ることができるが，夏の天の川はよく目立つ．とくにさそり座からいて座あたりは，明るく川幅も広い．天の川は，別名銀河とも呼ばれるように，そもそも私たちの太陽が所属する銀河系（銀河）を，地球から銀河面に沿って見渡したときに見える星の帯なのだ．

ところで，銀河系とは何だろう．私たちの地球は，他の7個の惑星とともに太陽の周りを回る太陽系に属している．そして太陽系は，2000億もの星の大集団である銀河系に属しているのだ．銀河系は，横から見ると凸レンズ状，上から見ると台風のような渦巻き構造をしていて，直径はおよそ10万光年（1光年＝約10兆km）．我々の太陽系は，中心からざっと28000光年離れたところにあることがわかっている．

さそり座からいて座の天の川がダイナミックになっているのは，地球から見たこの方向に星が密集する銀河系の中心があるからに他ならない．さそり座が頭のてっぺんに見えるオーストラリアでは，さそり座付近を中心に凸レンズ状に広がる天の川を一望することができて，感動せずにいられない．

この夏は，星空がきれいな海や山に出かけて，自分の目で本物の天の川を見つけて，銀河系宇宙の一員であることを心ゆくまで実感してみよう．

天の川の姿は，横から見た銀河の姿と同じ

夏の風物詩 ペルセウス座流星群

花火大会と同じように，ニュースや天気予報，季節の話題等で紹介されるようになり，夏の風物詩として定着した「ペルセウス座流星群」．いったい，いつ頃どの方向を眺めれば，いくつぐらいの流星が見られるのだろう．ペルセウス座流星群ウォッチングのコツを紹介．

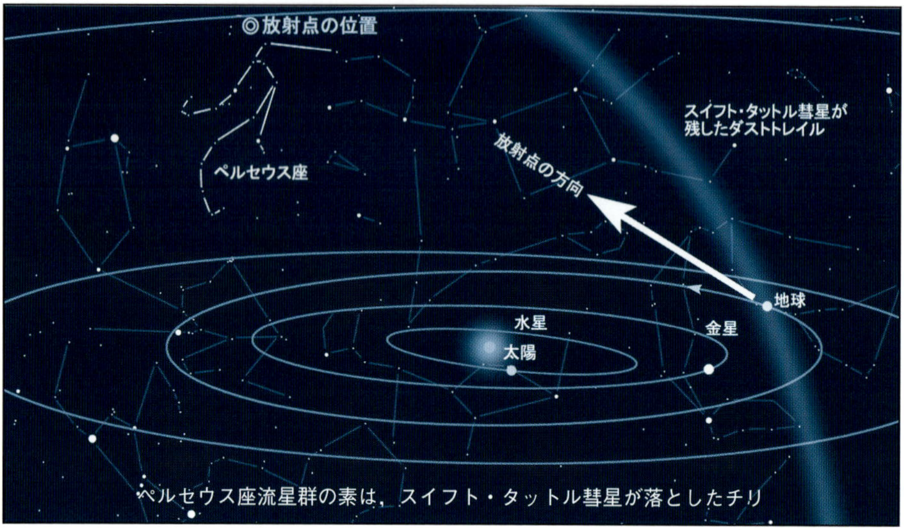

■ペルセウス座流星群とは

流星（流れ星）は，まさか夜空に輝く星が流れるとは思っていないよね．もしそうだとしたら，夜空の星はとっくになくなってしまっているはずだ．流星というのは，宇宙空間を漂っている砂粒のようなチリが，地球にマッハ180程の速さで衝突して大気との摩擦で発生した熱が，大気の中の酸素原子や窒素原子を電離して発光する現象だ．流星群とは，そのチリが大量に衝突し，たくさんの流星が見られる現象のこと．大量のチリを運んでくるのが彗星である（詳細は「11月」を参照）．

ペルセウス座流星群は，スイフト・タットル彗星を母天体に持つ流星群．極大日は毎年8月11日～13日に訪れ，ペルセウス座が北東の空に姿を見せる午後10時ごろから明け方まで観望することができる．とくに放射点が北東の空高度50°に達する2時ごろからは，ペルセウス座の右の肘のあたりを中心（放射点）に，1時間当たり30個程度の流星が四方八方に流れる．しかもペルセウス群は，チリが高速で地球大気に突っ込むため，明るい流星が多く，華やかさでもピカイチ．ただし極大日のころに月があると，夜空を明るく照らしてしまうために，見える流星の数も減ってしまう．極大日のころ月明かりがないとき，つまり新月から月齢8ぐらいまでがベストだ．

■ペルセウス座流星群を見るには

ここで，ペルセウス座流星群を見るコツについて，チェックしておこう．

●いつ？

8月11日の夜から14日の明け方にかけての，三晩．時刻は，午後10時から明け方まで．

●どこで？

流星はどこでも見えるが，少しでも多くの流星まで捉えたいなら，とにかく山間地や海沿いの満天の星空の下に出かけること．市街地で見る場合は，ネオンサイン・街路灯や車のヘッドライトなど，街の明かりが直接目に入らない場所．たとえば建物や木立の陰で見るといい．

●どの方向を見るか？

放射点があるペルセウス座の方向．夜半過ぎまでは北東の空を中心に，それ以降は天頂付近を中心に，どの方向を向いていても見られる．放射点から離れるほど，流星は長い軌跡を描く．

●たくさん見るコツは？

流星が光っているのは一瞬，1秒もない．誰かが「あっ！」と叫んだ後見上げていてはもう遅い．とにかく星空に集中すること．歩き回ったり，あっちこっちきょろきょろしているとまず見逃してしまう．

●見る姿勢は？

イスに座ったり，マットに寝転がったりして楽な姿勢で見る．夏とはいえ明け方には冷えるので防寒の用意も忘れないこと．

●用意するものは？

夜食：温かいものがいい．

はくちょう座を飛ぶペルセ群

おーい火星人〜火星大接近

地球のすぐ外側の軌道を回る火星．太陽からの距離が地球の1.5倍程であること，大きさは地球の半分ながら，季節変化があって地球にとてもよく似た惑星とされてきた．おかげで，かつては知的火星人がいるという説まで登場したが，実際はどんな惑星なのだろう．

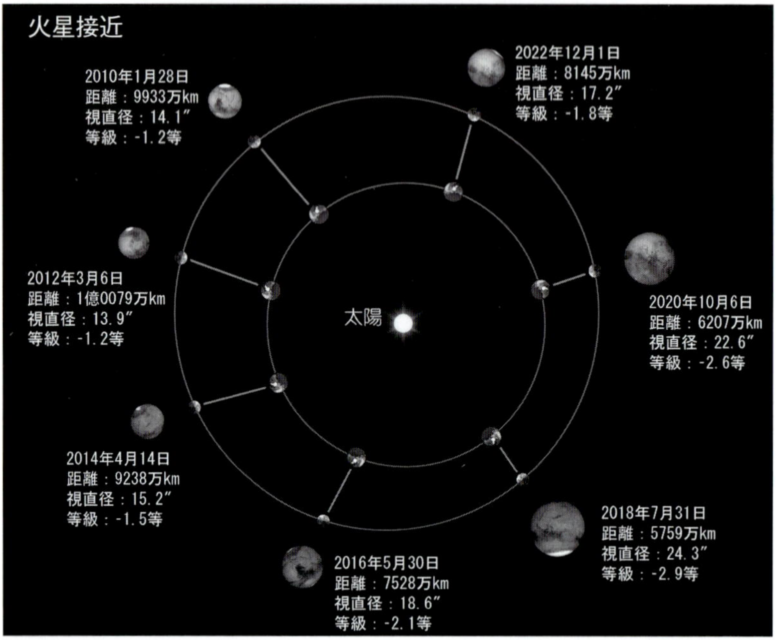

■夏に接近する火星は大きく見える

火星は地球のすぐ外側の軌道を回っていながら，直径が地球の半分ほどしかないため，地球と火星が軌道上でとなりどうしに並ぶ接近のときでないと，表面の詳しい観測ができない．接近は火星の公転周期約687日と地球の公転周期約365日から，およそ2年2ケ月ごとに起こることになる．ところが，接近時ならば必ず視直径の大きな火星が見られるかというとそうではない．地球は真円に近い軌道で回っているのに対し，火星の軌道は離心率0.093と，惑星の軌道としてはけっこう楕円になっている．そのため，地球とどこで隣どうしになるかによって，出会う距離は5600万kmから1億kmと大きく変化してしまう．だから接近と言っても，大接近・中接近・小接近に分けて表現している．

最も期待が高まる大接近は，15〜16年に一度しか巡ってこない．しかも夏に接近するときだけに限られるのだ．

■火星といえば火星人

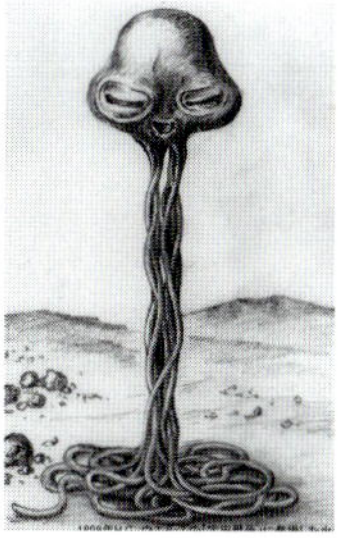

1877年の火星大接近のとき，イタリアの天文学者スキアパレリは，火星表面にたくさんの筋状のもようを発見し，「カナリ（溝）」と呼んだ．それが「キャナル（運河）」という英語に訳されてしまったため，話がややこしくなってしまった．アメリカの富豪ローウェルは，私財を投じて作った天文台で火星観測に没頭し，筋状もようは，火星の極に残った水を隅々まで送る運河であると結論した．つまり彼は，火星には高等生物が存在すると信じたのである．

ローウェルの火星人説にヒントを得て，1898年イギリスのSF作家H.G.ウエルズは，タコのような姿をした火星人が地球を攻めてくるというSF小説「宇宙戦争」を発表．人々に火星人の存在を強く印象付けた．そして，1938年アメリカで「宇宙戦争」がラジオ放送された．これがまるで本当の出来事のように真に迫った放送だったため，人々は，本当に火星人が攻めてきたと勘違いし，パニックになるという事件が起こった．今から思えば笑い話だが，当時は火星に知的生物がいることは本当だと思われていたのである．しかし1976年に火星に着陸した無人探査機バイキング1号と2号の生命探査の結果，火星生命の存在は否定的になってしまった．

■火星生命の可能性

©NASA
バクテリアの化石？

ところが，1996年8月7日，NASA（アメリカ航空宇宙局）から，「火星から地球の南極大陸に飛来した隕石の中に生命の痕跡らしきものを発見した」というニュースが伝わった．発表された写真には，確かにミミズのような姿をしたものが写っているのだ．もしこれが事実だとすると，太古の火星には地球のバクテリアに似た生物が活動していたことになる．

生命が誕生し生存するために必要不可欠な水．地球は，表面の70％が海で満たされた水の惑星だが，火星にもかつては大量の水が存在していたことはほぼ間違いない．それは，火星探査機の観測から水が存在した証拠や，直接水の存在を確認していることからも明らかだ．

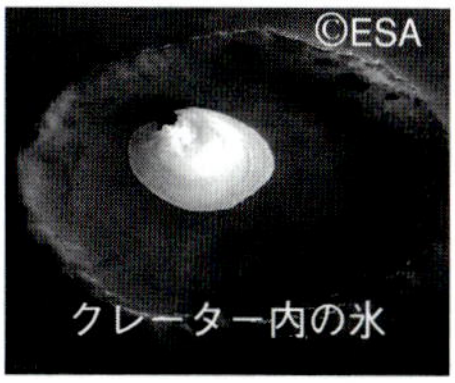
©ESA
クレーター内の氷

火星表面は乾燥しているが，地下には，大量の水が永久凍土となって残っている可能性は十分にある．近い将来，その中から，バクテリアのような生命が見つかるかもしれない．今後の火星探査機の活躍に期待することにしよう．

9月　長月

■9月の和名は「長月」．秋は夜が長くなることから，秋の夜長月から名付けられたとか．しかし，今の暦では夏と秋とが同居するのが9月．真夏を思い出させるような残暑があるかと思えば，乾燥した心地良い風が吹くこともある．おかげで天気は不安定．ときには台風が日本を直撃することだってある．しかし台風一過の夜空は最高．強風が大気の塵をみんな吹き飛ばしてクリアーになった夜空は，星の輝きにより一層磨きがかかって清々しさを感じさせてくれるからだ．

9月 1 日：21時ごろ
9月15日：20時ごろ

初秋とはいえ，星空はまだまだ夏の装い．さそり座は南西の地平線にへばりついて風前の灯だが，夏の大三角などは，やっと南中したところ．さあこれから夏本番と言わんばかり．それでも東の空からは秋の星座たちが静かに登場している．

それにしても天の川を境にして東側の何と星数の少ないこと．1等星はみなみのうお座のフォマルハウトただひとつ．それも南に低いために，輝きに元気がない．フォマルハウトの和名「秋のひとつ星」は，まさにぴったりの名前．夏の喧噪から抜け出し，ほっと落ち着きを取り戻せるのが9月の星空だ．

中秋の名月を愛でる

38万kmという遠方にありながら，人々は昔から月を恐れ，月に魅入られ，月を祭り，月をとても身近な存在としてとらえてきた．特に秋，それも旧暦8月の夜空を美しく照らす満月は，ほぼ1ヶ月に1回訪れる満月の中でも特別な存在だったようで，中秋の名月と呼ばれている．

■中秋の名月は旧暦8月15日の月のこと

満月の中でも，なぜ秋の「中秋の名月」だけが特別視されたのだろう．それを知るには，中秋の名月とは具体的にいつの満月のことを言うのかを探ってみる必要がありそうだ．まず中秋と付くからには，秋にあたる9月から11月の中心，つまり10月のことになるが，それは太陽暦でのこと．昔中国や日本では，月の満ち欠けを基準にした太陰太陽暦（旧暦）を使っていたから，旧暦の秋は，7月，8月，9月と定め，7月を初秋（孟秋），8月を中秋（仲秋），9月を晩秋（季秋）と呼んでいた．つまり，中秋の名月は，旧暦8月のしかもその真ん中の15日のことなのだ．その夜は必ずほぼ満月が夜空を照らしている．名月と付くのは，そのころには大陸の乾燥した空気が流れ込み，透明度が良くなって一層月の光が冴えるからだ．ちなみに正確に言うと，「仲秋」は旧暦8月を指し，「中秋」は旧暦8月15日を指す言葉である．

■なぜススキとだんごをお供えするの？

ところで，なぜ中秋の名月にはススキと白玉団子をお供えするのだろう？「そんなの昔からの風習でしょ」と言われるかもしれない．でも，それなりの理由があるはずだ．というわけで中秋の名月の歴史を調べてみると，日本の神代の時代まで遡ることができた．日本神話の代表的な神は，女神アマテラスで太陽を象徴する神．それに対して月を象徴する神は，男神ツクヨミ．また二人を象徴する植物は，アマテラスは「女性的」「豊かな実り」「垂れる」という意味あいから，「イネ」．一方ツクヨミは，「男性的」「不毛」「まっすぐ伸びる」という意味あいから，まっすぐ伸びる「ススキ」だそうな．また，ススキは，当時の男性の権力を示す剣を表し，男性自身でもあるともいう．

次に，お供えするだんごは白玉団子と決まっているようだ．そのわけは，昔から空に浮かぶ月は潮の満ち引きを起こしたり，女性の生理をつかさどる霊力を秘めた，真珠のようなものだと信じられてきたというところにあるようだ．つまり，中秋の名月は，ツクヨミ様をおまつりする儀式というわけ．

ところで，中秋の名月のことを「芋名月」ともいうが，中秋の名月のおよそ27日後に訪れる十三夜を「栗名月」と呼んでいる．正しいお月見は，この二つの名月をお祝いすることだそうな．しかし，両日とも晴れる年が滅多にないのも事実である．

■中秋の名月の日は必ず「仏滅」!?

中秋の名月の日は，毎年必ず「仏滅」になる？「月をおまつりするめでたい日が縁起の悪い仏滅だなんて」と思ってしまうが，このからくりは六曜の決め方にある．六曜は，旧暦の毎月1日（朔日）が，1月と7月は先勝から始まるというように，月によってなにからスタートするかが決められている．たとえば旧暦8月1日は友引から始まるので，旧暦8月15日の中秋の名月は，友引 - 先負 - 仏滅 - 大安・・・と15日まで数えて行くと，必ず仏滅になるというわけ．

中秋の名月の日は，必ず仏滅！？

六曜の決め方

旧暦の1日	
1月，7月	先勝
2月，8月	友引
3月，9月	先負
4月，10月	仏滅
5月，11月	大安
6月，12月	赤口

中秋の名月は旧暦8月15日

8月1日	友引	9日	仏滅
2日	先負	10日	大安
3日	仏滅	11日	赤口
4日	大安	12日	先勝
5日	赤口	13日	友引
6日	先勝	14日	先負
7日	友引	15日	仏滅
8日	先負	16日	大安

月の呼び名

日本人は，四季という自然からの素晴らしい贈り物の中で，「花鳥風月」「雪月花」の熟語が示すように，情緒豊かな感性を育んできた．その中でも月を愛でることをとりわけ大切にしていた．だから，月の呼び名もその情景に合わせてたくさん生まれている．

■夕空に浮かぶ三日月

月は太陽の光を反射して輝いているので，地球のまわりを公転するにつれ，輝いて見える部分が変化する．これが満ち欠けだ．地球から見て月が太陽と同じ方向にある（太陽と月の黄経が等しくなる）ときが新月または朔（さく）で，月の夜の部分が地球に向いている．月と太陽の黄経差が90°のときが上弦，180°のときが満月，270°のときが下弦となる．これを約29.5日の周期で繰り返す．

最初に出会う月が，夕空にかかる金の糸のように細い三日月で，旧暦3日の月のことを言う．新月を1日とする旧暦と新月を0とする月齢では，1日のずれがあるので，三日月は月齢2の月ということになり，かなり細い．しかし月齢2～4の細い月をまとめて三日月と呼びたくなる．夕焼け空にかかる細い月は，日が暮れるとともに沈んでしまうので，何とも頼りなげではかなさを感じるものの，明るい惑星と寄り添っている姿を見ると涙が出るほど美しく，地球に生まれて良かったと思う瞬間だ．

■名月以降の情感豊かな月の呼び名

昔の人は中秋の名月の後も，欠けてゆく月を愛しむかのように，毎晩月を眺めたようだ．ところが，月の出時刻は約50分ずつ遅くなるため，日がたつとともに月を待つ時間が長くなる．そんなことから，満月以降の月に，とても情感豊かな名前が付けられた．特に十六夜を「いざよい」と読む感性には感心させられる．こんな自然との付き合い方ができたら，きっと幸せな人生を送ることができると思う．

月齢16：十六夜（いざよい）：「いざよう」とは「ためらう」という意味．
月齢17：立ち待ち月（たちまちづき）：月はまだかと，立って待つ月．
月齢18：居待ち月（いまちづき）：月はまだ出ないのかと，座って待つ月．
月齢19：寝待ち月（ねまちづき）：月を待ち疲れて，寝転んで待つ月．
月齢20：更け待ち月（ふけまちづき）：いい加減，夜が更けてから昇る月．

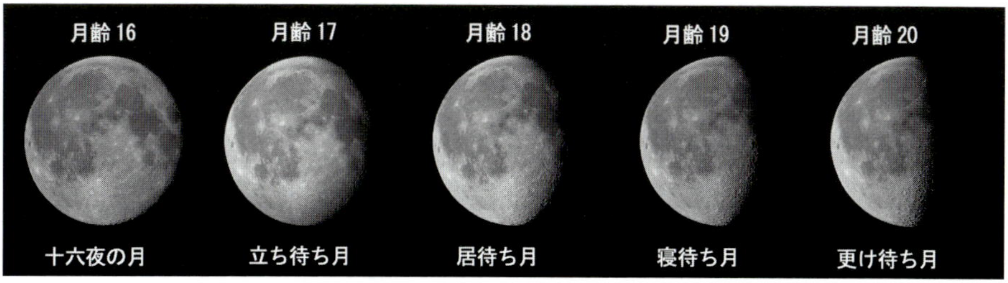

■二つの半月　上弦の月と下弦の月

「上弦の月」「下弦の月」は，よく使われる言葉だが，どうちがうのか，なかなか覚えられない．上弦の月は，新月から満月に向かって満ちて行くときに見える半月のことで，日没頃南中する月．ちょうどウサギの模様の上半身が見えている半月だ．下弦の月は，満月から新月に向かって欠けて行くときに見える反対の半月のことで，日出の頃南中する．ではなぜ，上弦とか下弦と呼ぶのだろう．それは半月を弓に見立ててのこと．月の欠けぎわの直線の部分を弓の弦（糸）として，月が西に傾いたときに弦が上か下かで決めている．なぜ，西に傾いた月で上弦・下弦を決めたのか定かではないが，真昼や寝静まっている真夜中に昇る月よりも，寝る前や朝起きたときに西の空にかかっている月の方が目にとまったからなのだろう．

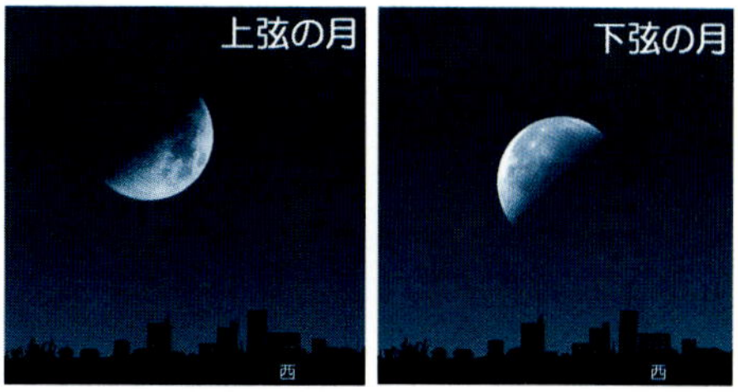

月のミステリー

なぜ地球の衛星のことを「月」と呼ぶようになったのだろう．まず太陽の次に明るいから「次」が「月」，1ヶ月に一度新月に戻ることから「尽きる」が「月」になったという説がある．また，月は強い霊力を持ち，心霊が乗り移ると考えられていたことから，「憑く」からきたのだとも考えられる．「ツキがある」のツキも語源なのかもしれない．

■地球や生物に大きな影響をおよぼす潮汐力

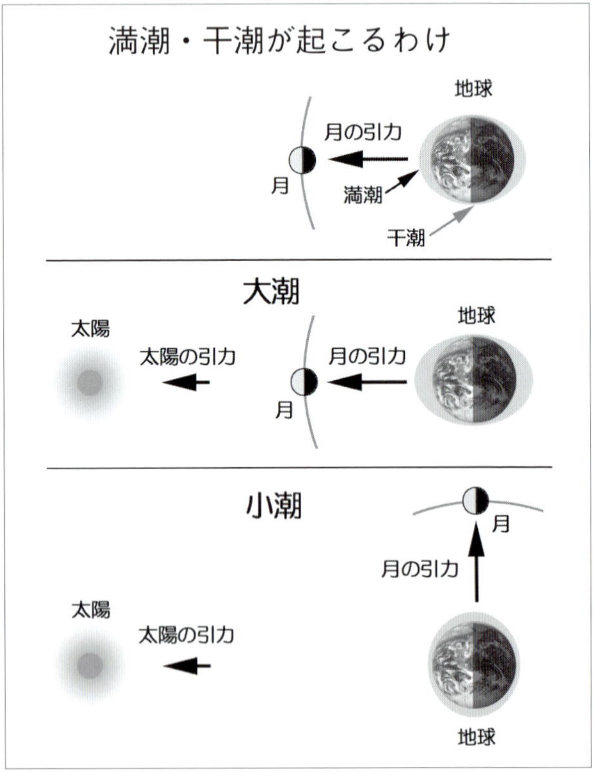

月が地球におよぼす最も顕著な現象は，月の引力によって海水が引っ張られる潮汐力だ．満潮・干潮という言葉でおなじみである．潮干狩りに出かけるのは大潮のときだし，台風がやって来たときに満潮と重なると被害が大きいなど，生活に密着している．

干満の大きさは，太陽と地球と月が一直線に並ぶ満月と新月のときに最も大きく，大潮となる．また上弦と下弦のときは，太陽と月の潮汐力は互いに打ち消しあい，小潮となる．干満の差は，一般的には1m程度だが，地域によってかなり差がある．日本海側では30cm前後なのに対し，九州の有明海では5mに達する．また，中国の銭塘江河口では，大潮のとき8mもの高さに盛り上がった海水が，時速25kmで上流に向かって逆流する「海嘯」という現象が見られる．

いずれにしても地球の生命は，潮汐力という揺りかごの中で数十億年前から育まれてきたのだから，月の影響を少なからず受けているはずだ．まさにミステリーである．

■月齢と雨量の不思議な関係

月齢によって雨の降り方が変化するなんて信じがたい話だが，1960年代の初め，アメリカの気象学者ブラッドリーらは，アメリカの膨大な気象データから，月齢と雨との奇妙な関係を導き出した．つまり雨が多いのは満月直後と新月直後になるというのである．欧米では，満月の日を選んでジャガイモの植付けをするという．また，日本にも「エンドウやソラマメは闇夜に種をまけ」とか「球根は闇夜に，穀物は月夜にまけ」ということわざがあるが，これらも月齢に伴う天気の変化に照らし合わせたものだということができるだろう．

月齢と雨量の相関関係

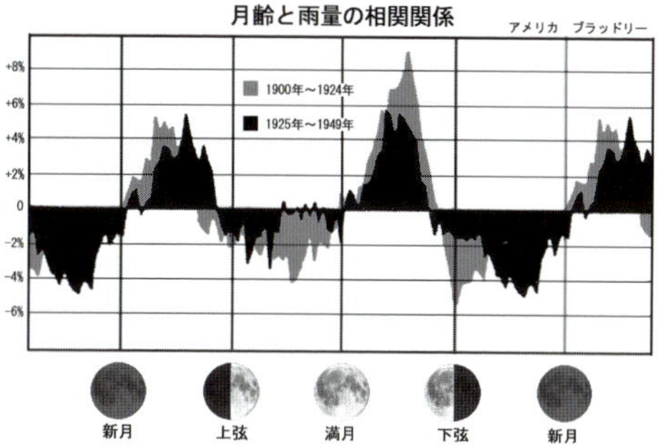

この原因は，大気中に存在する氷晶核（雨雲の素となる微粒子）の濃度と月齢が関係していると考えられる．つまり，満月と新月のときに宇宙空間に漂う微粒子（流星塵）がその引力によって地球にたくさん降り注ぐということになるらしいが，本当のところはよくわかっていない．

■月が人におよぼす影響

ヨーロッパでは，満月の夜狼に変身して人々を襲う狼男伝説や，満月の光を浴びて眠ると気が狂うと言うように，満月は人に悪い影響を与えると考えられている．迷信かと思えなくもないが，月齢と事件や事故もリンクしているらしい．ニューヨーク火災調査局の調査では，満月には放火事件が増えるそうだ．また，殺人事件は満月・新月直後に起きやすいという．やはり狼男伝説は真実なのか？

満月や新月のときに手術をすると出血が多いとか，古代ユダヤでは患者の出血を見るような医学的処置は，月齢によって制限されていたという．

考えてみれば人間の体も70％は水分なので，月の引力の影響を強く受けているはず．どうやら，月の引力が私たちにも生理的な影響を与えていることは間違いなさそうだ．

月齢と殺人事件件数

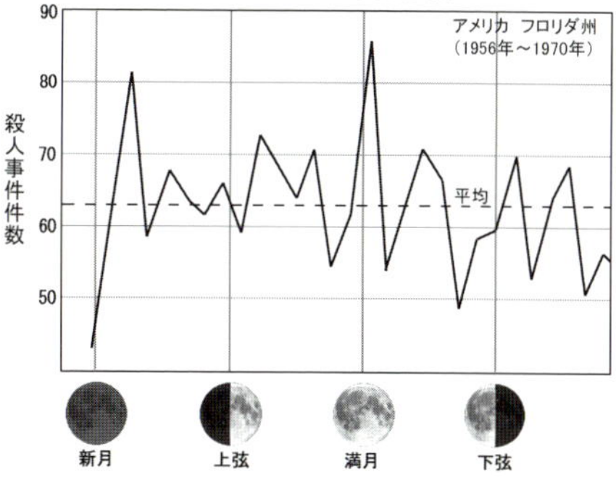

月を食べるのは誰？～月食

月を食べると書いて「月食」．月を食べるのは誰？ 古代インドでは，不死の水を盗み飲んだ龍の魔神ラーフは，ビシュヌ神に首を切り落とされた．ところが不死となった頭部だけが天に昇り，太陽や月を食べるようになったため，月食や日食が起こるようになったとか・・・・．

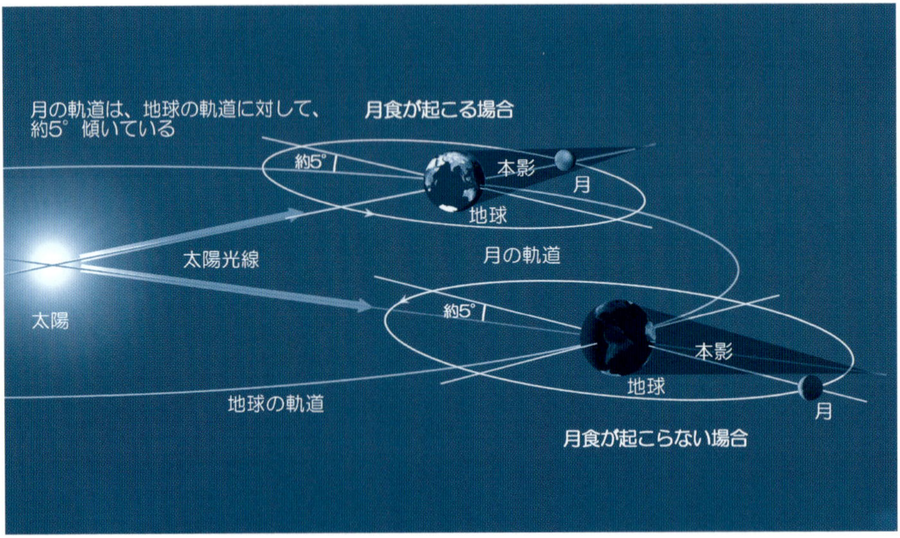

■月が地球の影に入る月食

さすがに現代に生きる私たちは，まさか魔神が月を食べるために月食が起こるとは思わないだろう．では，その犯人は・・・・・それは「地球の影」．

太陽に照らされた地球の後ろには地球の影が伸びている．その影の中に月が入る現象を月食というのだ．月が地球の影に入るときとは，太陽－地球－月が一直線に並んだとき，つまり満月のときにしか月食は起こらないことになる．特に，本影と呼ばれる真っ暗な影の中にすっぽり入ってしまう月食を，「皆既月食」という．

とはいっても，満月のたびに月食が起こって月が欠けるというわけではない．満月のときは，まばゆいほどの真ん丸の月が夜空をこうこうと照らしているし，もし満月のたびに月食になっていたとしたら，月食はちっとも珍しい現象ではないどころか，見向きもされなくなってしまうだろう．

その理由は，太陽を回る地球の軌道に対して，地球の周りを回る月の軌道が約5°傾いているところにある．おかげで満月とはいっても，一直線に並んで地球の影に入ることはまれで，多くの場合，月は影に対して北か南に外れていることになる．

■皆既中の月が見える!?

月は太陽の光を反射して光っているので，皆既月食で月が地球の影の中に完全に入ってしまうと，月に太陽の光が当たらなくなるため，月の姿は見えなくなるはずだ．

ところが実際は赤銅色の月がぼんやりと見える．実は，地球の影の中は真っ暗ではなく，地球の大気を通過した太陽の光が内側に屈折することによって，影の中の月をほんのり照らす．ただし，地球の大気の中を通過した光は，大気中のチリや水蒸気に邪魔されて，波長の短い青い光は散乱してしまい，波長の長い赤っぽい光だけが照らすことになる．だから皆既中の月は，赤く見えるというわけ．

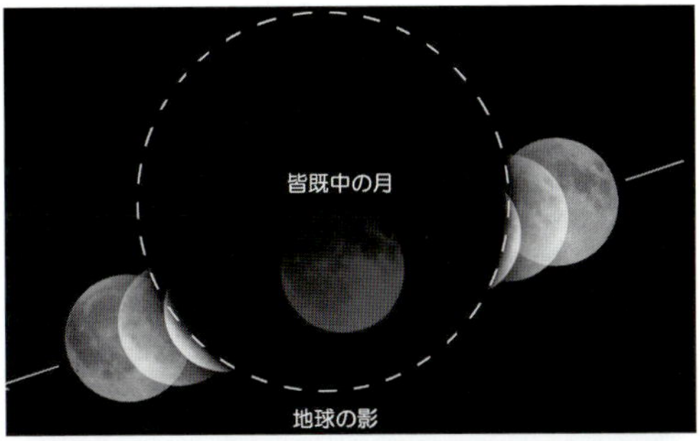

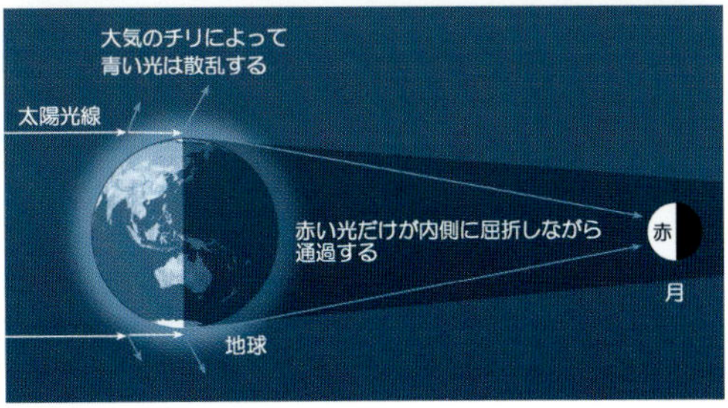

さらに，皆既中の月の明るさは月食のたびに異なる．これは，地球の大気の澄み具合に関係している．つまり大気中の水蒸気量やチリの量が増えると，皆既中の月は薄暗くなるのである．実際，大規模な火山噴火が起こった後の皆既月食では，皆既中の月がほとんど見えなくなってしまうことがある．つまり，皆既月食の赤い月は，大気の汚れ具合を私たちに教えてくれていることになる．

■皆既月食の魅力

皆既月食の色彩の変化は，明るい黄褐色の月が欠けて行くに従って赤みを帯び，皆既中は赤銅色になり，再び元の月に戻って行くという感じだが，実際はそんな単純なものではない．食のようすを双眼鏡や望遠鏡でじっくり眺めると，欠け始めると同時にデリケートな色彩の変化が繰り広げられ，皆既前後には，赤だけではなく青や緑がかった思いがけない色彩の変化が見られることがある．これがたまらなく美しく，神秘的なのだ．

また月食は，日頃見ることもなく感じることもなく見過ごしている「地球の影」を確認するチャンスでもある．太陽に照らされた地球の影が，宇宙空間にちゃんと伸びていることを実感できたときの驚きと雄大さは，何物にも代えがたい．

10月　神無月

■時の流れとともに，季節も確実に替わって行く．10月の声を聞いたとたん，まるでタイマーがセットされていたかのように，金木犀の花が咲き，大気を甘い香で満たしてくれる．秋を心から感じさせてくれる一瞬．10月の和名は，「神無月」．10月になると日本中の神々が，男女の縁結びの相談をするために出雲の国に集まるため，各地から神が居なくなってしまうことから付いたとか．また，10月になると雷が鳴らなくなることから，「雷なし月」から付いたとか諸説さまざまである．

10月 1 日：21時ごろ
10月15日：20時ごろ

10月になると，星空も夏のギラギラした星座たちがようやく西に傾き，代わってしっとりと落ち着きのある秋の星座たちが，続々登場している．秋の星座には明るい星がなくて寂しいというが，秋の星座までも夏や冬の星座のように華やかだったら，人は星を見なくなるかも知れない．夏の猛暑を生き抜いてきて，疲れたからだと心を癒してくれるのが秋の星空．さわやかな風に乗って聞こえてくる心地良い秋の虫の音をBGMに，ワイングラスを傾けながらじっくり味わいたい．秋の星空がしっとりとしているのは，自然から贈られた落ち着いた心づかいからだろう．

星空の道しるべ

本格的な秋が訪れる10月．長い間天頂に君臨していた夏の大三角がようやく西へと滑り落ちる．そして今度は，「天高く馬肥える秋」の言葉どおりに，ちょっと太めの天馬ペガスス座が南中する．このペガスス座の骨格をなす四辺形は，星空の道しるべとなってくれる．

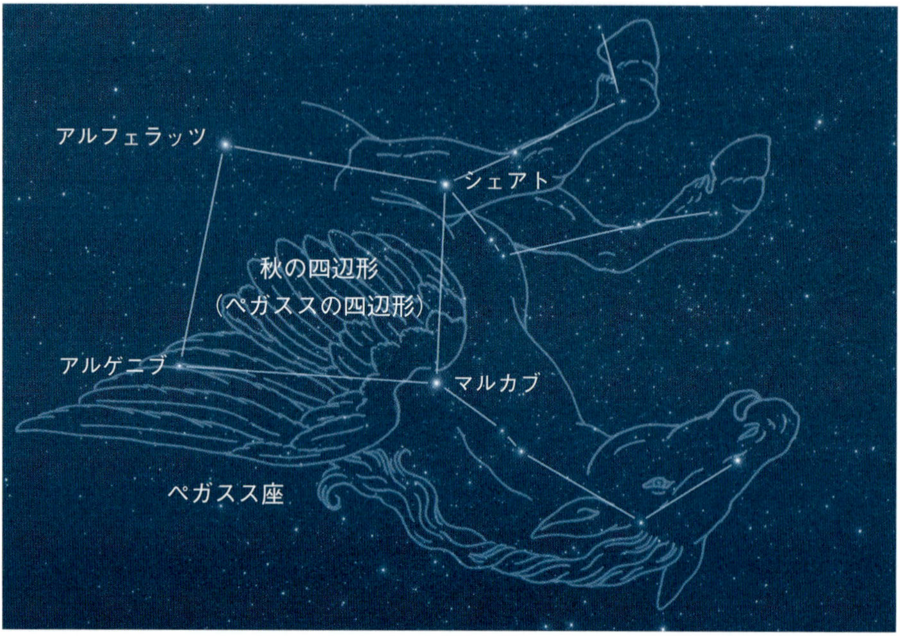

■秋の四辺形が夜空の星に導いてくれる

ペガススといえば「ペガススの四辺形」「秋の四辺形」でおなじみだが，10月中旬にこの四辺形が南中するのは22時ごろのこと．そのころ南から天頂に向けて首を曲げて，もう少しで天頂というところで，2等星3個と3等星1個が作る台形が目に入る．正方形か長方形のほうがピタリと決まってカッコいいのかもしれないが，少しいびつな台形であることに妙な安定感を感じるのは私だけだろうか．

この四辺形，台形だったおかげで秋の星座の道しるべとなって，私たちに進むべき方向を教えてくれている．

まず，西の辺の星シェアトとマルカブを結んで，どんどん南に延ばしてみよう．すると秋の唯一の1等星フォマルハウトが見つかる．今度は東の辺の星アルフェラッツとアルゲニブを結んで南に延ばしてみると，春分点のすぐ東を通ってくじら座のβ星デネブカイトスにぶつかる．次は，南の辺の星アルゲニブとマルカブを結んで西に延ばすと，わし座のアルタイルに出会う．そして，北の辺のシェアトとアルフェラッツを結んで東に延ばすと，おひつじ座の α 星ハマルを通って，おうし座の散開星団プレアデスに辿り着く．さらに，北東角のアルフェラッツと南西角のマルカブを対角に結んで南西に延ばすと，みずがめ座の α 星サダル・メリクが見つかり，北東に延ばすと，ペルセウス座の α 星アルゲニブにぶつかる．また，反対側の対角線，シェアトとアルゲニブを結んで北西に延ばすと，はくちょう座のデネブ，南東に延ばすと，くじら座の変光星ミラに行き着く．

■天斗七星って何？

ところで，アルフェラッツから北東へ，アンドロメダ座のミラク，アルマク，ペルセウス座のアルゴルを結ぶ曲線と四辺形をつなぐと，北斗七星に似た大きなひしゃくができあがる．

これを，北の「北斗七星」，南の「南斗六星」に対して，天の「天斗七星」と呼びたい．

なんと，四辺形の西の星を北に延ばすと，ちゃんと北極星を見つけられるところまで同じ！ おまけに東側の星を北に延ばしても，カシオペヤ座の β 星を通って，なんとこちらも北極星にたどり着く．

まさに秋の四辺形は，星空の大交差点であり，大きな道しるべだ．

幸せを運ぶ秋の星座たち

しっとりとした秋の星座たちをたどってゆくと，みずがめ座，みなみのうお座，うお座，くじら座，いるか座という具合に，意外にも水や海に関係のある星座が多いことに気が付く．さらに，やぎ座といっても半ヤギ半魚だし，ペガスス座も父親は海の神ポセイドンなのだ．

■水にまつわる星座たち

なぜ秋の夜空に水に関係する星座が集結したのか？偶然と言ってしまえばそれまでだが，実はこんなちゃんとしたわけがある．星座のふるさとメソポタミア地方は乾燥した大地．そこで生活する遊牧民たちにとって，毎年同じ時期に訪れる雨季の始まりを知ることは重要なことだった．その目印が，太陽がみずがめ座とともに東の空に昇るころだったのだ．だから，みずがめ座のまわりに，水にちなんだ星座が創られたということらしい．

乾燥した大地に昇る太陽

■幸せを運ぶ秋の星たち

みずがめ座あたりの星の名前を探ってみると，そこには，「幸せ」をキーワードとするアラビア語の名前の星が笑顔で迎えてくれる．たとえば，みずがめ座α星サダル・メリクの意味は「王様の幸せ」，β星サダル・スウドは，「幸せの中の幸せ」，ε星アルバリは，「飲む者の幸せ」，γ星サダル・アクビアは，「秘めた幸せ」．さらに幸せシリーズはやぎ座，ペガスス座へと波及する．やぎ座のしっぽで光るγ星ナシラは，「幸せを運ぶ人」，そしてペガスス座の顔で光るバハムは，「家畜の幸せ」，その東のζ星ホマムは，「英雄の幸せ」，前足で光るλ星サダル・バリは，「優れた者の幸せ」，最後は，η星マタルの「雨の幸せ」．

砂漠同然の地メソポタミアで暮らす民にとって，水は命の次に大切なもの．雨季が訪れ，天から雨を授かることは最高の喜び．庶民はもちろん王様も英雄も学者も家畜までもが，平等に浴びるほど水を飲み，雨で体を清め，心を潤したのだろう．きっと何ものにも代えがたい最高の幸せを誰もが感じたに違いない．

今に生きる私たちは，こんな素朴な「幸せ」を感じることができるだろうか．「幸せ」を追い求めてひたすら走り続けた結果，確かに便利で物質的には豊かで満たされた「幸せのようなもの」は手に入れたかもしれない．しかし宮沢賢治が「銀河鉄道の夜」で，サン・テグジュペリが「星の王子さま」で問うたような，人が人として生きるための「本当の幸せ」を，どこかに置き忘れてきてしまったような気がする．

秋の夜長，みずがめ座の周辺の星座にある幸せの星を探しながら，現代に生きる私たちにとって，「本当の幸せ」とは何かを，もう一度考え直してみることにしよう．

アンドロメダ銀河

満天の星空の下で，秋の四辺形に続くアンドロメダ座の腰紐のあたりを見ると，楕円形の光芒が目に入る．これが有名なアンドロメダ銀河．アンドロメダ大星雲と呼ばれることもあるが，私たちの銀河の外の，お隣にある巨大銀河だ．

■アンドロメダ銀河の謎

20世紀初頭，アンドロメダ大星雲が，われわれの銀河の中にある天体なのか，外にある天体なのか，議論が二分していた．

これに終止符を打ったのは，アメリカの天文学者エドウィン・ハッブルだった．ハッブルは，ケフェイド型変光星を使って天体までの距離を測る方法を考案し，アンドロメダ大星雲をはじめとする星雲状の天体までの距離を測定した．その結果，アンドロメダ大星雲までの距離は90万光年と算出，1924年に発表された．その数値はわれわれの銀河の直径よりはるかに大きいものだった．つまりアンドロメダ大星雲は銀河の外の天体だったのだ．

さらにハッブルは，銀河のスペクトル観測から，他の銀河はわれわれの銀河から遠ざかっていることも発見し，膨張宇宙論の基礎を築いた．天文学の発展に絶大な威力を発揮しているハッブル宇宙望遠鏡は，そのエドウィン・ハッブルの名を戴いたものだ．

ところで，当時は観測精度が今ほど高くなかったため，アンドロメダ銀河までの距離をかなり低めに見積もっていた．現在では，アンドロメダ銀河までの距離は，230万光年となっている．

■アンドロメダ銀河って何？

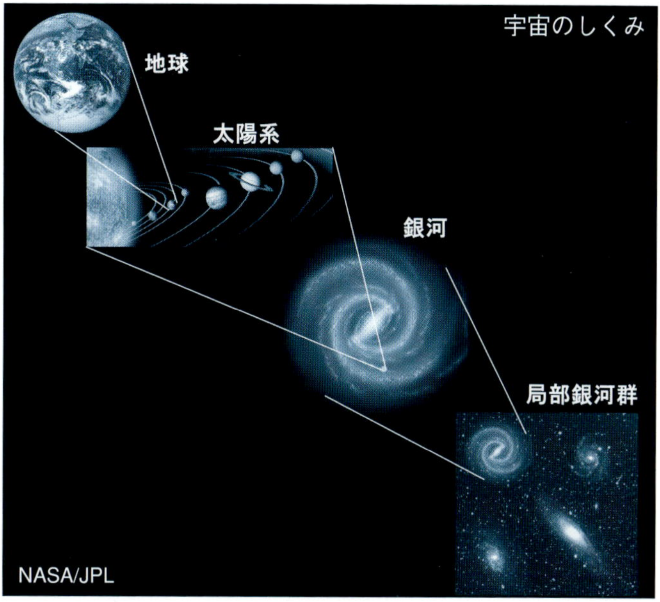

アンドロメダ銀河は，われわれの銀河の外にあることはわかったが，そもそも銀河とはどんなものなのだろう．それを知るには，宇宙の広がりをある程度把握しておく必要がありそうだ．では，身近なところから順を追ってみてゆくことにしよう．まず私たちは地球という美しい惑星に住んでいる．地球は，恒星と呼ばれる自ら生み出したエネルギーで光り輝く太陽の周りを回る惑星だ．惑星は地球だけでなく，内側から水星・金星・地球・火星・木星・土星・天王星・海王星そして準惑星の冥王星，さらに小惑星や彗星が回る一つのまとまりを形成している．これが太陽系だ．そして太陽のような恒星つまり星座を作っている星たちが，およそ2千億個集まって，平たい渦巻き構造を形成している．これが銀河なのだ．宇宙には複数の銀河が寄り集まって一つの集団を作っている．これを銀河群（銀河団）と呼んでいる．そしてさらに銀河群が集まって超銀河群を形成するというように，宇宙は階層構造で広がっているのだ．

実はわれわれの銀河は，アンドロメダ銀河やさんかく座のM33銀河などとともに，局部銀河群と呼ばれる銀河群を形成している．言ってみれば同じ家に住む家族のようなものだ．その中で父親的存在となるのが，最も大きな銀河であるアンドロメダ銀河．実際の直径はおよそ22万光年，われわれの銀河よりも直径で2倍近く大きく，星の数で4倍多いことがわかっている．

銀河群の銀河たちは，重力という固い絆で結ばれているため，宇宙が膨張しても離れ離れになることはない．それどころかわれわれの銀河は，およそ30億年後にはアンドロメダ銀河と衝突し，飲み込まれてしまうだろうと言われている．

宵の明星・明けの明星〜金星

1日のうちで空が私たちの心を魅了する時間．それは昼から夜に代わる黄昏どき．青から黄色，オレンジ，赤，紫そして漆黒の闇へ，そんな自然の色が織りなす幻想的な空に，アクセントのように光り輝く星「宵の明星」．涙が出るほど愛おしい．

宵の西空で輝く金星（左）と水星（右）

■昼間でも見える金星

夕焼けに染まる西空で，まばゆいばかりの光を放つ金星．あまりの明るさにUFOと間違える人がいるかもしれないほど．金星の明るさは，マイナス4等級．等級は1等違うごとに2.5倍変わるので，金星は1等星の実に100倍以上の明るさだということになる．

これだけ明るければ，位置さえわかれば金星は昼間の青空をバックに見ることができる．視力に自身のある方は，ぜひ肉眼で探してみていただきたいが，位置がわかってもこれが結構難物．青空には，目のピントを無限に合わせるための対象物がないからだ．そんなときは，口径20mm倍率7倍前後の小さな双眼鏡を，遠くの景色にピントを合わせてから空に向けて，太陽が視野に入らないように注意しながら，金星を探してみよう．金星が視野に入ったときは，青空でもこんなにはっきり見えるという新鮮な驚きに浸ることができるだろう．

■宵の明星・明けの明星

金星には，夕方の西空に見えるときを“宵の明星”，明け方の東空に見えるときを“明けの明星”というように二つの呼び名が付いている．昔の人は，夕方に見える金星と明け方に見える金星が，別の星だと思ったのだろう．

ところで，金星は絶対に真夜中に見ることはできないことを知っているだろうか．星が真夜中に見えるということは，地球をはさんで太陽とその星とが180°離れなければいけない．ところが地球の内側を回っている金星は，太陽に対して地球の反対側に来ることは絶対にないわけ．金星は見かけ上，太陽から最大45°程度しか離れない．だから夕方の西空か，明け方の東空でしか見えないのだ．

そんな金星に対して「宵の明星」，「明けの明星」という名を与えた，いにしえ人のおしゃれな感性はすばらしい．

昼間の金星

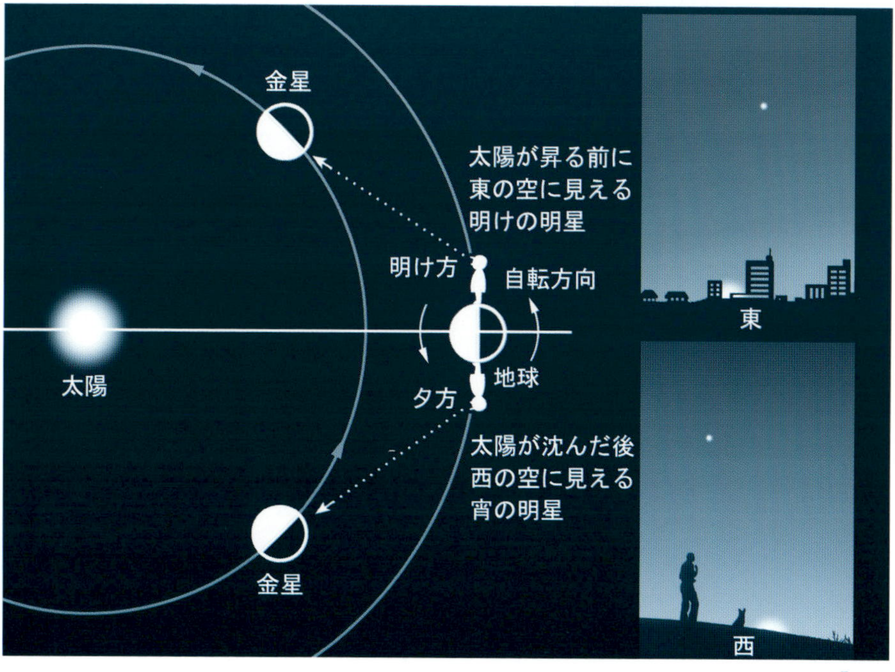

11月　霜月

■晩秋というひびきがあまりにもぴったりな11月．木々は，赤や黄に紅葉し，吹きぬける風はさわやかさを通り越して肌寒ささえ感じる．人の心をセンチメンタルで満たし，だれもを寂しがりやにしてしまう．11月の和名は「霜月」．文字通り寒くなってきて，霜が降りるようになる月ということなのだろうが，「食物月（おしものづき）」の略であるという説もある．これは，11月23日の「勤労感謝の日」を，かつては新嘗祭（にいなめさい）といって今年収穫した米を食べるというところから付いたという．

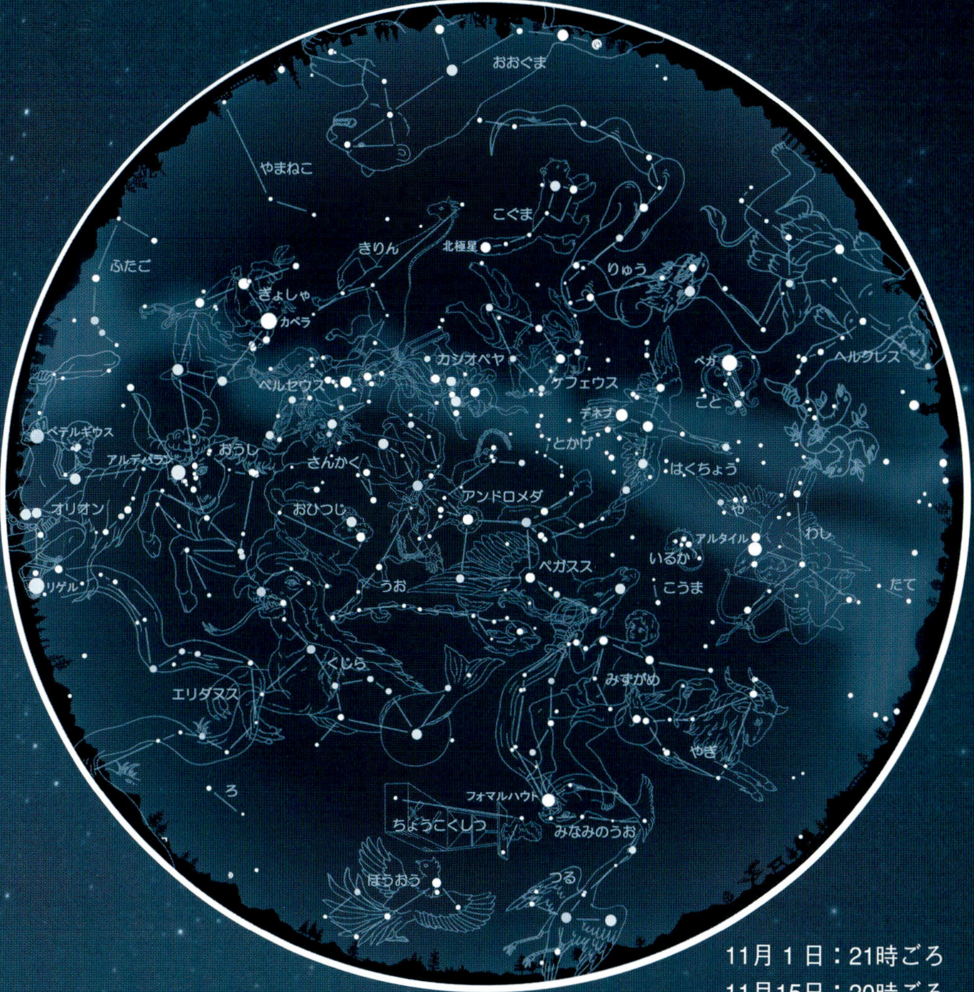

11月 1 日：21時ごろ
11月15日：20時ごろ

11月の声とともに，夏の大三角は西に大きく傾き，東の空からは冬の星座たちが顔をのぞかせている．秋の星空には，明るい星が少ないため，晩秋という言葉どおりに，しっとりと落ち着いている．とくに，みなみのうお座とおうし座の間には目立つ星があまりない．ここには，ギリシャ神話“エチオピア王家の物語”で，アンドロメダ姫を襲おうとして勇者ペルセウスに退治された化けくじらが，灰色の岩となってしまっているからだ．くじら座は，全天第4位の大きさを誇る星座だが，明るいのはしっぽで光る2等星，β星のデネブカイトスと，11ヶ月ごとに明るくなる変光星ミラだけ．

古代エチオピア王家の物語

多くの星座には，その星座にまつわるギリシャ神話がセットになっているが，秋の主な6つの星座は，そろって一つの物語に登場する．それもスペクタクル巨編ともいうべき，「古代エチオピア王家の物語」だ．それでは，「古代エチオピア王家の物語」の始まり始まり．

■古代エチオピア王家の物語

エチオピア国王ケフェウスは，妃のカシオペヤと美しい一人娘アンドロメダとともに，仲良くおだやかに暮らしていた．ところがある日のこと，カシオペヤはこともあろうに「私の一人娘アンドロメダと比べたら，この世で最も美しい海の精ネレイスたちの美しさもかすんでしまうだろう」と自慢してしまったのだ．なんと言う親馬鹿．これを聞いたプライドの高いネレイスたちは，「人間のくせになんて生意気な」と激怒した．そして，海の神ポセイドンに仕返しをするように頼んだのだった．

そこでポセイドンは，このところ生意気になってきた人間どもを懲らしめるいいチャンスとばかりに，海の怪物お化けくじらにエチオピアの国を襲うように命じた．それからというもの，エチオピアの海岸には連日連夜お化けくじらが出没し，漁師たちを震え上がらせ，国中は大パニックになってしまった．

そのころ，ペルセウスは，髪の毛の1本1本がヘビでできていて，その顔を見た者は恐ろしさのあまりたちまち石になってしまうという，女の怪物メドゥーサを退治するため，世界の西の果てに来ていた．ペルセウスは，鏡のようにピカピカに磨いた盾に映った寝ているメドゥーサの姿を見ながらそっと近づいて，すばやくメドゥーサの首を切り落とし袋に入れた．そのときほとばしり出た血が，岩の割れ目にしみこむと，そこから真白な1頭の馬が跳び出したからびっくり．その白馬は，背中に翼を持ち，怒ると口から火を吐く天馬ペガスス．ペルセウスはメドゥーサの首を袋に入れるとペガススにまたがり，故郷へと飛び立った．

さて，エチオピアでは，思い悩んだケフェウス王は，神にお伺いをたてることにした．苦しいときの神頼み．すると神からは，「一人娘アンドロメダを化けくじらの生け贄に差し出せ」とのお告げ．妻のたわいもない一言がこんなことになるなんて……王は国を救うためならと，断腸の思いで泣く泣くかわいいアンドロメダ姫を生け贄に差し出すことにした．

荒れ狂う海岸に鎖で縛られたアンドロメダ姫は，あ

まりの怖さに泣き叫んだが，沖からすごい勢いで迫ってくる黒い大きな化けくじらの姿を見ると，あきらめたように目を閉じたのだった．神様…….

いよいよお化けくじらがアンドロメダ姫に襲いかかろうとしたそのとき，メドゥーサを退治して故郷に帰る途中のペルセウスが，ペガススにまたがってその上空を通りかかった．下界を見下ろすと，美しい女性が岩場に縛られ，沖には怪物が.

ただ事ではないと見たペルセウスは，ケフェウス王に事情を聞き，首尾よく助けたら結婚を許すという約束を取り付けると，再びペガススにまたがって化けくじら退治に向かった.

恋のパワーは100万馬力，自慢の剣を振り上げると急降下して化けくじらに切りつけた．しかし相手はあまりにも大きく，とても歯が立たない．それどころかペルセウスの形勢は不利になるばかり．そのときペルセウスの頭に名案が……倒したメドゥーサの首を袋から出すと，化けくじらの前にこれでどうだとばかりに差し出した．怪物対怪物の戦い．しばらく両者見合ったままだったが，やがてお化けくじらは見る見るうちに動きが悪くなり，やがて大きな岩になって海の底に沈んでいった.

こうしてアンドロメダ姫を救った勇者ペルセウスは，やがてアンドロメダ姫と結婚してふるさとに帰り，幸せに暮らしたという.

■化けくじらを退治したらハッピーエンド？

めでたしめでたしと，一件落着したように見えるこのお話．よくよく考えてみると，お化けくじらを退治したからといって，何の解決にもなっていないのでは？そもそも，母カシオペヤの娘自慢が発端で，海の精ネレイスたちが怒り，そこに海の神ポセイドンまでもが1枚かんだのだから，化けくじらを退治したところで済まされまい．いや逆に可愛がっていたペットがやられてしまったので，もっと頭に血が上っているのではないか．きっとポセイドンは次の策を打ってくるに違いない.

それなのに，ペルセウスはこともあろうに一人娘のアンドロメダを嫁にもらって，さっさと故郷に帰ってしまった.

このあと，エチオピアの国はどうなってしまうのだろうかと心配になるのは私だけ？ 一見たわいもないギリシャ神話も，ほんの少し深読みしてみると，また違った楽しみが沸いてくるのではないだろうか.

彗星の謎

明け方の東天や夕方の西天に突然姿を現し，長い尾をたなびかせる星“彗星”．昔から「恐怖を巻き起こす星」とか「幸運をもたらす星」などと言われてきた神秘的な天体．その姿がほうきのように見えることから，“ほうき星”とも呼ばれている．

■彗星といえばハレー彗星

彗星といえば，ハレー彗星．この彗星は紀元前から存在が知られていて，イギリスの天文学者エドモンド・ハレーが詳しく研究をしたことから，ハレー彗星と名付けられた．周期76年で太陽の周りを細長い楕円軌道で回っているため，地球にも76年ごとに近づいてくる．

最近では1986年に接近しているが，その76年前の1910年の接近はすごかったらしい．そのときはハレー彗星の尾の中に地球が入ってしまうほどだった．地球が尾の中に入ること自体は大したことはないのだが，問題はその尾の成分だった．なんと有毒のシアン化合物が含まれているというのだ．つまり，地球が尾の中に入ると，シアン化合物によって生物はすべて死滅してしまうということになる．

世界中は大パニック．大金持ちは，この世の終わりとばかり湯水のごとくお金を使い，他の者は神に祈った．ところが，ガスが通過する時間が数分だとわかると，今度はヒット商品が登場した．自転車のタイヤのチューブだ．数分の間チューブの空気を吸って生きながらえようというわけだ．

そして，ついにその瞬間がやってきた．人類の多くが息を止め耐えようとしたに違いない．ところが何分たっても誰一人倒れない．結局何も起こらなかったのだ．理由は，尾のガス密度はとても薄く，しっかりした大気で覆われた地球の地上までガスは入れなかったということらしい．

そのハレー彗星が1986年，76年ぶりに再び地球に帰ってきた．この回帰は，地球とハレー彗星の位置関係があまり良くなかったので，1910年ほどではなかったが，そのフィーバーぶりには怖いものがあった．天体望遠鏡は飛ぶように売れ，品切れ続出．ハレー彗星観望ツアーも大盛況．名古屋で3月4月の毎土曜日行われた伊良湖岬観望ツアーは，毎回大型バス10台の大キャラバンとなった．

次回ハレー彗星が帰ってくるのは2061年8月．そのときは，夕方の西の空で長い尾を引いた勇壮な姿が見られることになっているようだ．ぜひ長生きしたい…….

■彗星のふるさと

ところで，彗星はどこからやってくるのか？　どうやら彗星の故郷は2ヶ所あると考えられている．ひとつは冥王星の外側に，惑星になれなかった塵が円盤状に広がっているらしいカイパーベルト．ここから太陽に向かって落ちてくる彗星のほとんどは，周期200年以内の短周期彗星となる．そして太陽系を楕円軌道で回るうちに惑星の影響を受けて軌道が変化し，いろいろな周期の彗星が生まれる．もうひとつは，さらに外側で太陽系を球状に包み込むオールトの雲だといわれる．ここからやってくる彗星の大半は，放物線軌道や双曲線軌道を描くため，太陽に近づくのは一度だけで，もう二度と戻ってこない．なかには惑星の重力の影響で軌道を変えられ楕円軌道に乗るものもあるが，その周期はとてつもなく長い長周期彗星となる．

■彗星の正体

彗星の正体は，核と呼ばれる直径数km～十数kmの，氷や雪やチリがゴテゴテに固まった「汚れた雪だるま」のような天体だ．

あの神秘的な尾は，核が太陽に近づくにつれて見え始める．まず核の表面が温められ溶け出しガスとなり，核のまわりに「コマ」と呼ばれる大気を作って，太陽の光を反射して明るく輝き始める．それとともにコマの中の数ミクロンの細かいチリが，太陽からの光の圧力を受けて，太陽と反対方向にゆるやかなカーブを描きながら吹き流され，チリの尾（ダストの尾）ができる．

さらにコマの中のガスは，太陽からの紫外線によってイオン化され，太陽風の電磁場の影響を受けて，これまた太陽とは反対方向にまっすぐに吹き飛ばされ，イオンの尾（プラズマの尾）となる．

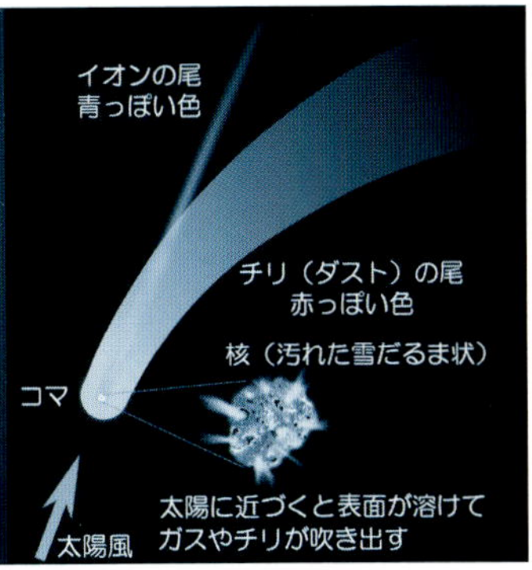

流星の謎

星空の中を，1本の銀の糸を引くように流れ，消えて行くはかない星，流星（流れ星）．もちろん実際に輝いている星が流れるわけではない．宇宙空間に漂っている砂粒のようなチリが，地球にぶつかって，大気との摩擦でイオン化したガスが光りながら流れていくのだ．

■流星の元は彗星が落としたゴミ？

夏の天の川を流れる流星

流星が光っている間に願い事を3度唱えれば，その願いがかなえられるという言い伝えがあるが，流星に願いを託そうと，ただやみくもに星空を眺めていても，よほど運がよくなければ流れてくれない．

流星を見るには，ちょっとしたコツがある．流星は，毎年決まってたくさん流れる時期があることを覚えておこう．

流星の素となるチリは，彗星ととても関係が深い．実は彗星の軌道上には彗星が通過したときに残していったチリがたくさんばらまかれている．この彗星の軌道と地球の軌道が交差していれば，地球が毎年1回ほぼ同じ日にそこを通り過ぎるたびに，たくさんの流星が見られることになる．そのときチリは地球大気に平行に突入しているのだが，これを地上から見ると，あたかもある一点から四方八方に放射状に流れているように見える．ところでこのある一点のことを，放射点と呼んでいて，この位置は毎年ほとんど変わらない．

このように毎年決まった時期にたくさんの流星が流れる現象を流星群と言って，他の流星群と区別するために，放射点のバックにある星座の名前を頭に付けて呼んでいる．また，流星群の活動期間には幅があって，ピークになる日を極大日と言う．また，流星群の素をつくる彗星を母彗星と呼ぶ．

■流星の素となる流星物質とは？

流星の素となる流星物質の大きさはどれぐらいだろう？ 一瞬とはいえあんなに明るく光るのだから，けっこう大きいのではないかと想像するが，これが意外と小さい．ごく普通に見られる流星で，直径数ミリメートル程度の珪酸塩のようなものといわれている．

■流星が地上に落ちると隕石

バリンジャー隕石孔（アリゾナ）
5万年ほど前に直径30mの隕石が落下

流星が大気との摩擦で燃え尽きないまま，地上に落下したものが隕石．隕石の“隕”は落ちるという意味の漢字だ．隕石の正体は，流星物質とは異なり，小惑星や彗星である．

今から6550万年前，直径十数kmの隕石が，メキシコのユカタン半島に落下．このときの熱波と衝撃波，二次的隕石雨，そして成層圏まで舞い上がった大量のチリやガスにより，大気が汚されたことによる寒冷化によって，全盛を極めていた恐竜が絶滅したのではないかという説は有名だ．

隕石落下が直接人に被害を与えたこともある．1954年には，アメリカのアラバマ州に住むホッジス夫人に当たってけがをした．日本では，1992年12月10日，重さ6.4kgの隕石が島根県美保関町の民家の屋根を貫いて落下したことは記憶に新しい．

■主な流星群

1年を通して，流星がたくさん流れる流星群がいくつも見られる．極大日をはさんで前後1日ほど，計3日間が流星を見るチャンスだ．

主な流星群	極大日	出現数/1時間	母天体
しぶんぎ（りゅう座イオタ）	1月 4日	30〜40	不明
こと	4月22日	10〜20	サッチャー彗星
みずがめη（エータ）	5月 5日	10〜20	ハレー彗星
ペルセウス	8月13日	30〜40	スイフト・タットル彗星
オリオン	10月21日	10〜20	ハレー彗星
しし	11月18日	10〜20	テンペル・タットル彗星
ふたご	12月14日	30〜40	小惑星パエトン

しし座流星雨

33年ごとに流星を雨のように降らせるというしし座流星群．1998年，日本で流星雨が見られると大騒ぎになったが，その期待は見事に裏切られた．ところが2001年11月19日深夜から明け方にかけて，ついに日本でも夢にまで見た流星の雨が降った．

■1833年，1966年のアメリカ

1833年のしし座流星雨のようす

1833年11月13日早朝，北アメリカ東部を中心とした地域で，流星がまるで雨が降るように流れた．その激しさは,「まるで雪が降るように流星が流れた」,「1秒間に20個の流星を見た」とか「この世の終わりが来たと思い，大地にひれ伏した」,「明るい流星がたくさん飛んだため，窓の外が明るくなって，目が覚めた」など，当時のコメントから想像を絶するものであったことをうかがわせる．この流星雨は午前2時半から夜明けまで降り続き，ピーク時には1時間に1万個以上の流星が見えたという．これをきっかけに，流星の本格的な研究が始まった．

その後，1899年，1932年と2回連続で華々しい出現を見せなかったために，天文学者も含めて人々の流星雨への期待はすっかり薄れてしまっていた．そんな中で迎えた1966年，極大日にあたる11月18日，突然おびただしい数の流星が地球に降り注いだ．そのとき夜半過ぎを迎えていたアメリカ西部では，文字どおり大流星雨が目撃されたのだ．このようすを見た人は，「まるで吹雪の中にいるようだ」,「放射点の方向を見ていると，世界がその方向に吸い込まれて行くような錯覚に陥った」,「落ちてくる流星を避けるために，思わず顔を両手で覆った」などと，そのものすごさを語ったという．記録によると，ピーク時には毎分2400個の流星が流れた．

■しし座流星雨はなぜ起こる？

しし座流星群の素となるチリは，テンペル・タットル彗星が放出したものだ．

彗星本体は，直径数km～十数kmの汚れた雪だるま状で，太陽に近づくにつれてその熱により表面が溶かされ，そこに混ざっていたダストが，太陽からの光の圧力で吹き流され，あの神秘的な尾ができる．また，直径数ミリから数センチの比較的重いチリは，太陽からの光の圧力の影響をほとんど受けないため，彗星から放出さ

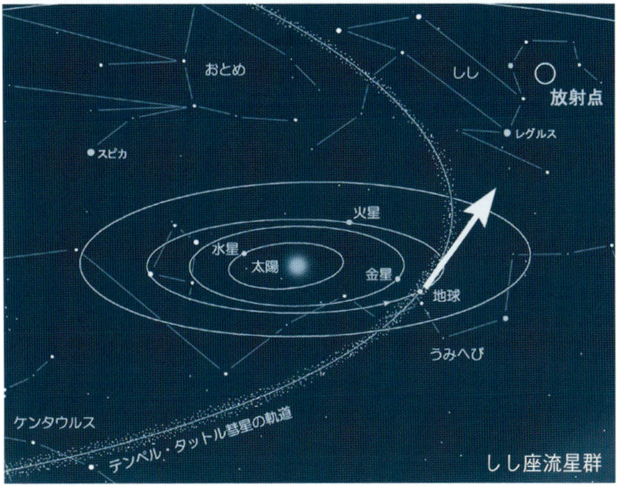

しし座流星群

れたときの方向と速度によって，徐々に彗星本体の前後に伸びる．このチリのチューブを，「ダスト・トレイル」という．

しし座流星群が33年ごとに流星雨を降らせるのは，周期33年のテンペル・タットル彗星はまだ若い彗星で，濃密なチリは彗星本体付近に集中しているので，そのチリを連れて回帰したときだけ，地球が特に密度の濃いダスト・トレイルに突入するために流星雨になるというわけだ．

■2001年，ついに日本でも流星雨が！

怒涛のような出現の1966年から32年後の1998年，再びしし座流星雨が巡ってきた．この年多くの流星研究者は，11月18日明け方，東アジア方面で流星雨が見えそうだと予想したため，マスコミともども日本中が大フィーバー．深夜の山道はラッシュ時並みの大渋滞で，観望中に橋の上から転落死という痛ましい事故まで起こった．

ところがふたを開けてみると，極大予想時刻が19時間も早まったため，日本では流星雨とはほど遠い出現状況となり，流星雨はヨーロッパに訪れた．

その後，アッシャー博士らの計算により，2001年に日本で流星雨が見られそうだという予想が発表され，期待と不安の中，そのときを迎えた．結果は…….

1998年からヨーロッパやアメリカばかりで流星雨を降らせ，毎年空振りに終わっていた日本で，ついにすばらしい流星雨を見せてくれたのだ．ピーク時には1分間に100個は流れただろうか．その瞬間もう死んでもいいとさえ思った．グリーンからレッドに色を変えながら流れてゆくおびただしい数の流星の姿は，まぶたに焼き付き，一生忘れることはないだろう．次回は，2032年頃に巡ってくる．

2001年のしし座流星雨のようす

12月　師走

■この1年も残すところあと1ケ月になってしまった．木枯しが歩道の枯れ葉をカラカラと吹き飛ばし，靴音がせわしなくコツコツと響く12月．人々はまるで生き急ぐように，やり残したことを片付けようとあわただしく駆け回る．しかし星空は，いつもと同じペースでゆっくりと冬の装いに替わって行く．12月の和名は「師走」．年の瀬となり忙しくなって，師匠といえども走り回るところから付けられたというのが一般的だが，「年はつる月」「年はする月」が訛ったものだという説もある．いずれにしても，「師走」と聞いただけで，今年も終わりという思いがひたひたと押し寄せてくるから不思議だ．師走が終わると，また新しい年が巡ってくる．

12月 1 日：21時ごろ
12月15日：20時ごろ

人の心はうつろいやすいのに，星空は毎年変わることなく同じ姿をちゃんと見せてくれる．12月宵になると，東の地平線から必ずオリオン座が昇ってくる．もし地球が自転しかしていなかったら，星座の季節変化はないことになる．日本からはオリオン座は永久に見えなかったかも知れない．しかし，神様は粋な計らいをしてくれた．地球に公転運動を与えてくれたのだ．おかげで私たちは，オリオン座が宵の東空に姿を見せ，星のきらめきが生き生きしてくると，今年も冬が来たと感じることができるように，季節ごとにちがう星座を見ることができるという感動を手にすることができた．

復活の日　冬至とクリスマス

12月22日前後は，冬至．1年のうちでいちばん昼間の時間が短くなるときであり，いよいよ本格的な冬が訪れる時期だ．まるで最も暗く冷たい日のように思えてしまうが，この日を境に，昼間の長さが長くなってゆく，太陽の復活の日でもある．

■冬至って何？

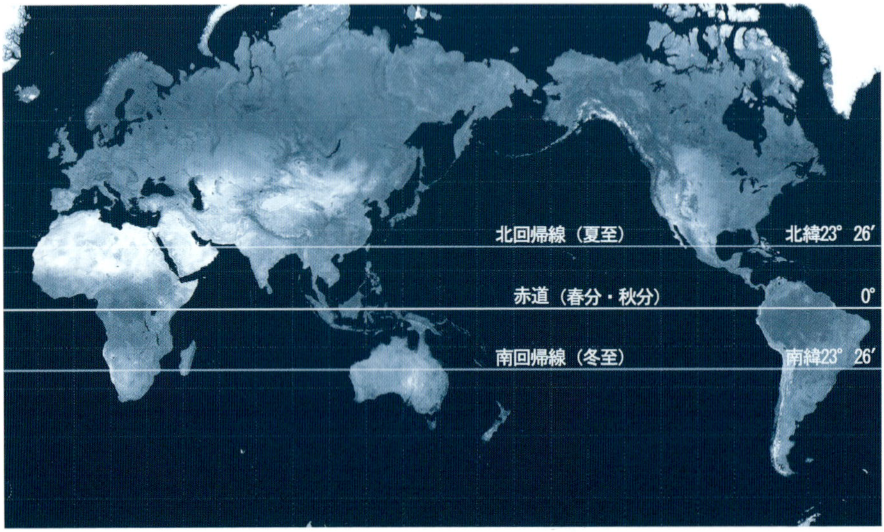

冬至は，二十四節気中気にあたり，旧暦の11月，新暦では，12月22日前後となる．天文学的には，太陽が春分点と秋分点の中間，黄経270°を通過する瞬間をいう．地球の地軸は約23.5°傾いているため，地球が1公転する間に，見かけ上太陽は赤道を中心に北緯約23.5°と南緯約23.5°の間を1往復するように見える．冬至の太陽は，南緯約23.5°の南回帰線の真上にあり，オーストラリアのアリススプリングスやブラジルのサンパウロ，リオデジャネイロでは，この日太陽南中時には真上から照らすため，影は最も小さくなる．逆に日本では，太陽は大きく南にシフトするため，南中高度は東京で31°しかない．その結果，太陽が地上を照らす昼間の時間は最も短くなり，たった9時間40分ほどしかない．

また，古来より冬至を1年の始まりと定めていたため，その名残で神社やお寺では，冬至祭が開催される．この日にかぼちゃや小豆粥を食べ，ゆず湯に入ると，健康で冬を越せると言われた．特に冬至が旧暦11月1日に当たると，「朔旦冬至」といって縁起が良いとされ，盛大にお祝いしていた．この日は約19年ごとに巡ってくる．

■冬至とクリスマスの関係

日本より緯度の高い北ヨーロッパでは，より太陽の南中高度が低くなるので，太陽の恵みを強く感じていた．だから，冬至の日は太陽が再び復活し，新しい年が生まれるとして，ユールと呼ばれるお祭りを開催し，盛大に祝っていた．

ところで，冬至の3〜4日後の12月25日はクリスマス．日本ではクリスマスは，クリスマスツリーを飾って，パーティーを開いてプレゼントをもらう日となっているが，一般的にはイエス・キリストの誕生日ということになっている．ただし聖書にイエス・キリストの誕生日が12月25日であるという記述は皆無だ．どうやらクリスマスと冬至とは深い関係にあるらしい．

古代ローマでは，キリスト教が台頭してくるまでは，太陽神ミトラスを崇拝するミトラ教が繁栄していた．そして太陽神ミトラスが再生復活するのは，12月25日（当時の冬至）だと考え，盛大なお祭りを催す習慣があった．また，古代ローマ帝国の農耕の神サターンを祝うサトゥルニア祭や，ヨーロッパ大陸の先住民であったケルト人やゲルマン人たちの冬至祭も，同様に12月25日を祭典の日と決めていたようだ．つまり，冬至は太陽が復活する重要な日だったのだ．

やがてキリスト教が次第に広がりを見せ始めたころ，ミトラ教にあやかってか？太陽が復活する冬至をイエス・キリストの誕生日と決めたらしい．その後，西暦325年にニカイアで開かれた，キリスト教全体の世界会議である第1回ニカイア公会議において，12月25日をイエス・キリストの誕生日として正式に決定した．

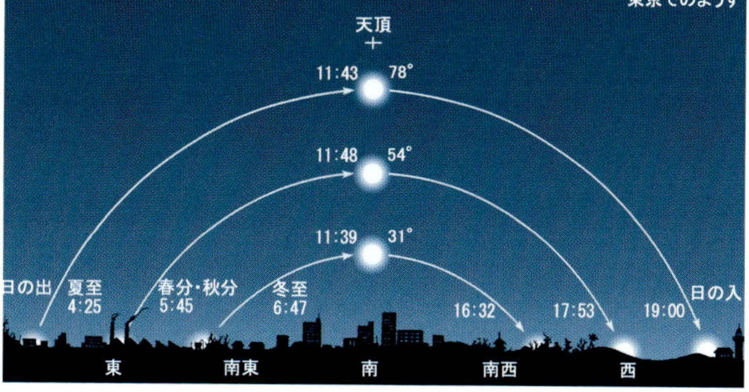

そのときから12月25日は，イエス・キリストの誕生日であるクリスマスになったというわけだ．

ベツレヘムの星

赤や黄色の葉が，北風に舞ってアスファルトの灰色を埋め尽くすと，星空も秋から冬へと衣替え．はくちょう座は北西の地平線上でクリスマスの十字架に変身している．この時期になると思い出すのが，聖書のイエスの誕生のときに輝いたといわれる“ベツレヘムの星”のこと．

■ベツレヘムの星って何？

ジオット作
東方三博士の礼拝

ベツレヘムの星とは，聖書の「マタイの福音書」第2章1～16節のイエス誕生のところに登場する星のことで，ヘロデ王の時代，イエス・キリストが生まれたときに，ひとつの星が輝き，東方の博士たちをユダヤの小さな村ベツレヘムに，その星が導いたとされている．クリスマスツリーのてっぺんに飾る大きな星が，まさにベツレヘムの星だ．新約聖書「マタイの福音書」第2章1節には，こう記されている．

「イエスがヘロデ王の代に，ユダヤのベツレヘムでお生まれになったとき，見よ，東から来た博士たちが，エルサレムに着いて言った．『ユダヤ人の王としてお生まれになった方は，どこにおられますか？ 私たちは東の方でその星を見たので，その方を拝みに来ました』」

聖書には歴史的事実の記述が多く，このベツレヘムの星についても事実の可能性が高い．もし実在した星なら，それはどんな星だったか非常に興味がある．実際にこの星について研究をしている学者は昔から多く，ドイツの天文学者ケプラーも，熱心に研究した学者の一人だった．

■イエスの誕生日がわからない

コンピューターが発達した現在，過去や未来の天文現象をシミュレーションすることはさして難しいことではない．イエス・キリストの生年月日がわかれば，そのときの星空を再現して，ベツレヘムの星をかなりの確率で推測することができる．しかし残念なことに，イエス・キリストの正確な生年月日がわからない．紀元1年12月25日とされてはいるが，前述の通り，これは後世になって決められたものなのだ．

実際のイエス・キリストの誕生日は，聖書の記述などから，紀元前5年から7年の初夏だと一般的には考えられている．だからいろいろな説が出てくる．

★金星説

19世紀のイギリスの軍人が提唱した説．夕方の西空で輝く宵の明星は，ひときわ明るくドラマチック．しかし，特別な星とはいえない．

★新星説

星の最後の姿である超新星爆発だ．何もなかった夜空に突然星が輝き始めるのだから，ドラマチックでイエスの誕生にふさわしい．

★彗星説

彗星と言えばハレー彗星．彗星も超新星のように，何もなかった夜空に突然現れるように見える．しかも長い尾をたなびかせているから，十分驚きに値する．

★惑星会合説

惑星の会合とは，地球から見たとき複数の惑星が同方向に並んで見える現象のこと．特に木星と土星の合は，“黄金の合”と呼ばれ，キリスト教では特別な意味をもっている．また，うお座はユダヤ人に割り当てられた星座とされているため，うお座での惑星会合が特に重要視されている．

★否定説

ベツレヘムの星の記述は，事実ではないという説．

■結局よくわからない

以上の説のうち，有力だとされるのは，彗星説と惑星会合説だ．中国の古記録によると，紀元前4年と5年に彗星が観測されている．また紀元前7年には，木星と土星の黄金の合がうお座で起こっている．しかし，これらの説も確証を得るまでには至っていない．いろいろな天文現象が連続して起こったのではないかという説など，近年になっても，いろいろな説が発表されていて，ロマンは尽きない．

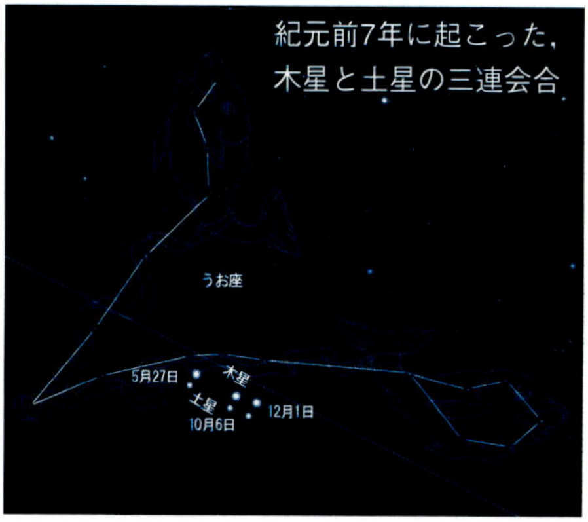

クリスマスの夜，イギリスの青年にベツレヘムの星について尋ねてみたが，「クリスチャンの多くは彗星だと思っている」と答えてくれた．そして最後に「でもミラクル」と結んでくれた．クリスマスツリーを見上げながら，キリスト誕生までタイムスリップして，ベツレヘムの星に思いを馳せてみてはいかがだろう．

星はすばる～清少納言が愛した星

昴といえば，おうし座の有名な散開星団．谷村新司や中島みゆきの歌にも登場するし，乗用車の名前でもある．日本が世界に誇るハワイに建設した天文台の望遠鏡も，「すばる」と名付けられた．この「昴」が，清少納言の『枕草子』に登場する．

■枕草子　「星は」の条

この美しい散開星団「すばる（プレアデス）」が，平安時代の女流作家清少納言が書いた「枕草子」の中に登場する．それは，ものづくしの中の第236（254または229）段，「星は」の条だ．

「星は昴（すばる），彦星（ひこぼし），太白星（ゆうづつ），よばい星少しをかし．尾だになからましかば，まいて…」

おうし座の散開星団　すばる（プレアデス，M45）

ここでは4つの天体が登場しているが，これは清少納言が美しいと思った星を列挙したものだという．そのトップに「すばる」が輝いている．その他の星の意味は，

★彦星（ひこぼし）

言うまでもなく，七夕の牽牛星のことであり，わし座のアルタイルである．0.8等の明るさで純白に輝くこの星の凛々しさを，清少納言は美しいと感じたのだろう．それにしても，ペアになっている織女星はもっと美しいと思うのだが，女性の清少納言は，あえて殿方の星を選んだのだろうか？

★太白星（ゆうづつ）

太白星とは金星のことで，特に夕方の西天で輝く宵の明星のことを，「ゆうづつ（由比不豆豆）」，明け方の東天で輝く明けの明星のことを，「あかほし（阿加保之）」と呼んでいた．確かに夕焼け空で輝く宵の明星の美しさは際立っているが，明けの明星とて同じ．もしかして清少納言は，明けの明星を知らなかったのか？

★よばい星

よばい（婚い）は，語源的には「呼ばう」だったものが「夜這い」に転化したらしいと言われている．夜這いとは，若い男が，夜が更けてから好きな女性のところへ忍び込むという意味．流星の場合は与八比保之（よはひほし）と書く．清少納言は，流星もいいが，尾がなければもっといいと付け加えている．流星と彗星を勘違いしたのか，明るい流星が流れた後に生じる流星痕を尾と見たのか？

■清少納言は実際に星を見たのか？

はたして清少納言はこれらの星を本当に見たのだろうか？　当時，貴族の女性が，夜外に出て星を見上げるなどということは，あまり考えられなかったようにも思える．一説によると，源順（みなもとのしたごう）が編纂した平安時代の百科事典「和名抄」の「天の部」の天文用語16項目から，語呂のいいものを選んで並べたのではないかとも．これが事実なら，清少納言に対するあこがれもロマンも消えてしまいそう．

清少納言 966 ～ 1025

ただ言えることは，紫式部が書いた「紫式部日記」，藤原道綱母の「蜻蛉日記」，菅原孝標女の「更級日記」，和泉式部の「和泉式部日記」など，当時の女流作家たちは競って日記を書いている．しかしその中で，星の名をふんだんに登場させているのは，「枕草子」だけ．きっと清少納言は，貴族の中では変わり者で，夜ごと星を眺めるほどの天文女性だったのではないかと思いたくなる．

人はなぜ星を見上げるの？

西の空を茜色に染めた太陽が沈むと，もうそこは黄昏という響きの別世界．赤，橙，黄，水色，青，紫……ありとあらゆる自然界の色が絶妙に溶けあいながら，やがて紺色に．そして気が付けば満天の星空．地球に生まれてよかったと思う一瞬．

■見上げてごらん夜空の星を

地球が生まれたときから，地球を包み込んでくれている星空．人類は誕生したときから星空を眺め，星と星を結んで星座を創造してきた．

私たちは，どんなときに星空を見上げるのだろう？ 悲しいとき？うれしいとき？辛いとき？楽しいとき？ おそらくほとんどの人は，悲しいときや辛いときではないだろうか．きっとそれは，私たちの祖先が星空を見上げたときに抱いた畏敬の念，愛おしさが，遺伝子に深く刻み込まれ，星座とともに脈々と受け継がれてきたからではないかと思う．

21世紀に生きる私たちが夜空を見上げ，星と星を結び，5000年前に誕生した星座を紡ぎだしてゆく．それだけで心がときめく．そして，星座が見つけられた瞬間に，悠久の時を超えて想像力が融合し，大きなつながりの中で生きていることを実感する．また生きとし生けるものを，大きく包み込んでくれる母性のような優しさをも感じる．星を眺めること，それは心の安らぎ．なんて素敵な趣味だろう．

■水をたたえた美しい星　地球

地球は今から46億年前，銀河の片隅で産声を上げた太陽と，7つの惑星とともに誕生した．そのうち，太陽から3番目の惑星が私たちの地球．誕生からおよそ1億年後，地球の半分ほどの大きさの微惑星が地球に斜めに衝突，そのとき砕け散った破片が地球の周りを回りながら集まって月が誕生．月は，地球にとってかけがえのない存在になっていった．

その後地球は，冷えてゆくとともに大量の雨が降り，太陽からの距離と大きさがちょうどよかったことが幸いし，水海でおおわれた青く美しい惑星となった．

■未来へと受け継がれる「命」

38億年前，月が奏でる優しい潮汐力のリズムにのって，海の中で最初のささやかな「命」が産声をあげた．その「命」は，その後地球の温暖化と寒冷化の中で，進化と絶滅をしながら，海から陸に上がり，爬虫類から哺乳類へと進化していった．そして何億年という時をかけて，私たちの先祖が誕生し，おじいさんおばあさん，お父さんお母さんへと受け継がれ，今私たちがここにいる．これはまさに，偶然と必然が融合した奇跡の連続．

宇宙で生まれた奇跡の星地球，そしてその地球で生まれた奇跡の私たち，すべては過去から現在，そして未来へとつながり，宇宙へとつながっている．

宇宙の大きさから比べれば，消えてしまいそうなちっぽけな「命」．でも太古からバトンのように受け継がれてきた大切な「命」．だから，地球と「命」を守り，未来へと送ることが，私たちの使命…….

私たちが星を見上げるのは，
宇宙は，地球と私たちの永遠の故郷だから．

星空の資料

全天88星座リスト

星座名	略号	南中	面積	大きさ	記号	特徴	季節
アンドロメダ	And	12/上	721			古代エチオピア王家のお姫さま	秋
いっかくじゅう	Mon	3/上	481			冬の大三角の中の架空の動物．ユニコーン	冬
いて	Sgr	9/上	867		◎	半人半馬のケンタウルス族．名はケイロン	夏
いるか	Del	9/下	189			アリオンを助けたかわいいいるか	夏
インデアン	Ind	10/上	294		△	1603年にバイエルが創った新しい星座	南
うお	Psc	12/上	890		◎	アフロディテとエロス親子が魚になった姿	秋
うさぎ	Lep	2/中	290			オリオンの足元にうずくまるかわいいうさぎ	冬
うしかい	Boo	6/下	905			オレンジ色の0等星アルクトウルスが輝く	春
うみへび	Hya	4/中	1303	△1		レルネーの沼に棲む9つの頭を持つヒドラ	
						全天第一の大きい星座	春
エリダヌス	Eri	1/中	1138	△6	△	リゲルの西から地平線に向かって延びる川	冬
おうし	Tau	1/下	797		◎	エウロパをさらうためゼウスが化けた牛	冬
おおいぬ	CMa	3/上	380			狙った獲物は絶対に逃さない犬	冬
おおかみ	Lup	7/上	334			ケンタウルスに槍で突かれたおおかみ	春
おおぐま	UMa	5/下	1279	△3		アルテミスの罰で熊にされた精女カリスト	春
おとめ	Vir	6/中	1294	△2	◎	農業の神デメテルと正義の神アストライア	春
おひつじ	Ari	12/中	441		◎	黄金の毛を持つ空飛ぶ羊	秋
オリオン	Ori	2/上	594			恋人アルテミスに誤って殺された狩人	冬
がか	Pic	2/上	247		△	ラカイユが新設した画架の星座	南
カシオペヤ	Cas	12/上	599			古代エチオピア王妃，アンドロメダ姫の母	秋
かじき	Dor	1/下	179		△	バイエルが創った星座，最初は金魚だった？	南
かに	Cnc	4/上	506		◎	友達のヒドラを助けるために犠牲になったカニ	春
かみのけ	Com	6/上	386			王妃ベレニケの美しい髪	春
カメレオン	Cha	4/下	131	▼10	×	バイエルが新設した星座	南
からす	Crv	5/下	184			4つの星はからすを張り付けにしたクギ？	春
かんむり	CrB	7/中	179			バッカスがアリアドネに贈った冠	春
きょしちょう	Tuc	11/中	294		×	バイエルがオオハシを描いた南半球の星座	南
ぎょしゃ	Aur	2/上	657			アテネの王エリクトニオスを描いた星座	冬
きりん	Cam	2/上	756			元はらくだだったが，いつの間にかきりんに	冬
くじゃく	Pav	9/上	377		×	バイエルがくじゃくを描いた星座	南
くじら	Cet	12/中	1231	△4		アンドロメダ姫を襲おうとした化けくじら	秋
ケフェウス	Cep	10/中	588			古代エチオピア国王だが，目立たない	秋
ケンタウルス	Cen	6/上	1060	△9	△	半人半馬のケンタウルス族．槍を持つ	春
けんびきょう	Mic	10/上	209			当時最先端だった顕微鏡をラカイユが星座に	秋
こいぬ	CMi	3/中	183			鹿にされた飼い主を噛み殺した犬	冬
こうま	Equ	10/上	72	▼2		天馬ペガススの弟ケレリスの星座	秋
こぎつね	Vul	9/中	268			こぎつねとがちょう座がこぎつね座に	夏
こぐま	UMi	7/上	256			母カリストの子アルカスが小熊になった	夏
こじし	LMi	4/下	232			ヘベリウスが創った隙間家具のような星座	春
コップ	Crt	5/上	282			酒の神バッカスが使った立派なコップ	春
こと	Lyr	8/下	285			竪琴の名手オルフェウスが奏でた竪琴	夏
コンパス	Cir	6/下	93	▼4	×	松葉のような形をした南半球の文房具星座	南
さいだん	Ara	8/中	238		△	プトレマイオスの48星座の由緒ある星座	南
さそり	Sco	7/下	497		◎	オリオンを殺すために放たれたさそり	夏
さんかく	Tri	12/中	132			ナイル川のデルタ，ギリシャ文字のデルタ	秋
しし	Leo	4/下	947		◎	ネメアの森の人食い獅子	春
じょうぎ	Nor	7/下	165		△	さそり座の南にある目立たない文房具星座	南

星座名	略号	南中	面積	大きさ	記号	特徴	季節
たて	Sct	9/上	109	▼5		英雄ポーランド国王ソビエスキーの盾	夏
ちょうこくぐ	Cae	1/下	125	▼8		ラカイユが創ったタガネやノミの星座	冬
ちょうこくしつ	Scl	11/下	475			ラカイユが創った彫刻家のアトリエ	秋
つる	Gru	10/下	365			バイエルが創った秋の低空を飛ぶ鶴の星座	秋
テーブルさん	Men	2/中	153		×	南アフリカの山を描いた目立たない星座	南
てんびん	Lib	7/上	538		◎	女神アストライアが善悪を裁いた天秤	夏
とかげ	Lac	10/上	201			トカゲにするかイモリにするか迷った	秋
とけい	Hor	1/上	249		△	ラカイユが創ったときは振り子時計座だった	南
とびうお	Vol	3/中	141		×	アルゴ船にとびつくトビウオの星座	南
とも	Pup	3/中	673			解体されたアルゴ船の船尾にあたる星座	冬
はえ	Mus	5/下	138	×		最初はみつばちだったが，いつの間にかハエに	南
はくちょう	Cyg	9/下	805			王妃レダを誘惑するためにゼウスが化けた白鳥	夏
はちぶんぎ	Oct	10/上	292		×	天の南極にある三角形の星座	南
はと	Col	2/中	270			ノアの箱舟から飛び立った鳩	冬
ふうちょう	Aps	7/中	206		×	ニューギニアに棲んでいた極楽鳥の星座	南
ふたご	Gem	3/上	514		◎	カストルとポルックス，悲劇の双子の兄弟	冬
ペガスス	Peg	11/上	1136	△7		魔女メドゥーサから生まれた真っ白な天馬	秋
へび(頭部)	Ser	7/中	429			名医アスクレピオスが持つ蛇．健康のシンボル	夏
へび(尾部)		8/中	208			頭部と尾部が分断された珍しい星座	夏
へびつかい	Oph	8/上	948			死人も生き返らせる名医アスクレピオスの星座	夏
ヘルクレス	Her	8/上	1225	△5		わが子と兄弟を殺した償いで12の冒険をする	夏
ペルセウス	Per	1/中	615			アンドロメダ姫を救った英雄	秋
ほ	Vel	4/中	500		△	解体されたアルゴ船の帆を描いた星座	冬
ぼうえんきょう	Tel	9/上	251		△	ラカイユが創った光学機器の目立たない星座	夏
ほうおう	Phe	12/上	469		△	南の低空を飛ぶバイエルが創った不死鳥の星座	秋
ポンプ	Ant	4/中	239			空気器械座といわれた真空ポンプの星座	春
みずがめ	Aqr	10/下	980	△10	◎	ゼウスに仕えた美少年ガニメデの姿	秋
みずへび	Hyi	12/下	243		×	雄のうみへび座とセットでみずへび座は雌	南
みなみじゅうじ	Cru	5/下	68	▼1	×	ロワイエがケンタウルス座から独立させた星座	南
みなみのうお	PsA	10/下	245			女神アフロディテが怪物から逃げるために変身	秋
みなみのかんむり	CrA	9/上	128	▼9		プトレマイオスが創った草を編んだ冠	夏
みなみのさんかく	TrA	7/中	110	▼6	×	南半球にある三角形の星座	南
や	Sge	9/中	80	▼3		アフロディテの子エロスが持つキューピットの矢	夏
やぎ	Cap	10/上	414		◎	牧神パーンがナイル川に逃げたときの滑稽な姿	秋
やまねこ	Lyn	3/下	545			山猫のような鋭い目がないと見えない星座	春
らしんばん	Pyx	4/上	221			解体されたアルゴ船の一部から創った羅針盤	冬
りゅうこつ	Car	3/中	494		△	解体されたアルゴ船の背骨に当たる星座	冬
りゅう	Dra	8/上	1083	△8		ヘスペリデスの黄金のリンゴ園を守る竜	夏
りょうけん	CVn	6/上	467			主星コル・カロリは英国チャールズ王の心臓	春
レチクル	Ret	1/中	114	▼7	△	ひし形座がひし形の網座になりレチクル座に	南
ろ	For	1/上	397			ラカイユが創ったときは化学実験炉と呼ばれた	冬
ろくぶんぎ	Sex	4/下	313			ヘベリウスは火事で失った六分儀を星座にした	春
わし	Aql	9/中	653			ゼウスは鷲に変身してガニメデ少年を拉致した	夏

略　号：世界共通の星座の学名に対する略号
大きさ：△大きい星座ベスト10
　　　　▼小さい星座ベスト10

記　号：◎＝黄道12星座
　　　　△＝北緯35°で一部が見える
　　　　×＝北緯35°からは見えない
南　中：午後8時に南中するおよその月日

主な星の呼び名

固有名	等級	色	星座	意味	和名など
レグルス	1.3	青	ししα	小さな王	
デネボラ	2.0	白	ししβ	ししの尾	
アルクトウルス	0.0	橙	うしかいα	熊の番人	麦星，五月雨星
プルケリマ	2.7	橙	うしかいε	最も美しいもの	
アルファルド	2.2	橙	うみへびα	孤独	
スピカ	1.0	青	おとめα	麦の穂	真珠星
ゲンマ	2.3	白	かんむりα	宝石	
コカブ	2.2	橙	こぐまβ	星	矢来星
ポラリス	2.1	白	こぐまα	北極星	子の星
アンタレス	1.1	赤	さそりα	火星の敵	赤星，酒酔い星，大火
ラス・アルハグェ	2.1	白	へびつかいα	蛇をつかむ者	
ラス・アルゲチ	3.5	赤	ヘルクレスα	膝まづく者の頭	
ベガ	0.0	白	ことα	落ちるワシ	織女星
アルタイル	0.8	白	わしα	飛ぶワシ	牽牛星，犬飼い星
デネブ	1.3	白	はくちょうα	しっぽ	古七夕
アルビレオ	3.2	橙	はくちょうβ	くちばし？	
フォマルハウト	1.3	白	みなみのうおα	魚の口	秋の一つ星，北落師門
アルデバラン	1.1	橙	おうしα	従うもの	
ベテルギウス	0.5	赤	オリオンα	脇の下	平家星
リゲル	0.2	青	オリオンβ	左足	源氏星
カペラ	0.1	黄	ぎょしゃα	メスやぎ	虹星
シリウス	-1.5	白	おおいぬα	焼きこがすもの	雪星，青星，天狼
プロキオン	0.4	白	こいぬα	犬の前	色白
カストル	1.6	白	ふたごα	カストル（名）	銀星
ポルックス	1.2	橙	ふたごβ	ポルックス（名）	金星
カノープス	-0.9	白	りゅうこつα	水先案内人の名	布良星，南極老人星

星の並び	星座	名称	和名など
北斗七星	おおぐま座		ななつほし，七曜の星
プレセペ星団	かに座	M44	積尸気
しし座頭部	しし座	ししの大鎌	樋掛け星
こぐま座	こぐま座	小北斗	小七曜
かんむり座	かんむり座		かまど星，くるま星
さそりα・σ・τ星	さそり座		籠かつぎ星
さそり座μ星	さそり座		相撲（すも）取り星
はくちょう座	はくちょう座	北十字	十文字星
南斗六星	いて座	スプーン	暗殺拳，白仙人
いるか座のひし形	いるか座		菱星
秋の四辺形	ペガスス座		桝形星
アンドロメダα～γ	アンドロメダ座		斗掻き星
カシオペヤのW	カシオペヤ座		錨星
プレアデス星団	おうし座	昴，M45	はごいた星，六つら星
ヒヤデス星団	おうし座	Mel.25	釣鐘星
カストル・ポルックス	ふたご座	α星・β星	双子星，カニ目
オリオン	オリオン座		鼓星
オリオン三つ星と小三つ星とη星	オリオン座		唐すき星

二十八宿

名称	日本名	概略位置	距星
●東方七宿　青竜			
角（かく）	すぼし	おとめ座中央部のスピカからζ星	おとめ座スピカ
亢（こう）	あみぼし	おとめ座東部のλ-κ-ι-ϕ星	おとめ座κ星
氐（てい）	ともぼし	てんびん座	てんびん座α星
房（ぼう）	そひぼし	さそり座頭部β-δ-π-ρ星	さそり座π星
心（しん）	なかごぼし	さそり座σ-アンタレス-τ星	さそり座σ星
尾（び）	あしたれぼし	さそり座尾部ε星～λ星	さそり座μ星
箕（き）	みぼし	いて座南西部γ-δ-ε-η	いて座γ星
●北方七宿　玄武			
斗（と）	ひきつぼし	いて座　南斗六星	いて座ϕ星
牛（ぎゅう）	いなみぼし	やぎ座頭部	やぎ座β星
女（じょ）	うるきぼし	みずがめ座西端部	みずがめ座ε星
虚（きょ）	とみてぼし	みずがめ座β星～こうま座α星	みずがめ座β星
危（き）	うみやめぼし	みずがめ座α-ペガスス座θ-ε星	みずがめ座α星
室（しつ）	はついほし	ペガススの四辺形の西辺α-β星	ペガスス座α星
壁（へき）	なまめぼし	ペガススの四辺形の東辺γ-アンドロメダα星	ペガスス座γ星
●西方七宿　白虎			
奎（けい）	とかきほし	うお座北部～アンドロメダ座中央部	アンドロメダ座ζ星
婁（ろう）	たたらぼし	おひつじ座α-β-γ星	おひつじ座β星
胃（い）	えきへぼし	おひつじ座北東部35-39-41星	おひつじ座35番星
昴（ぼう）	すばるぼし	プレアデス星団	おうし座17番星
畢（ひつ）	あめふりぼし	ヒアデス星団	おうし座ε星
觜（し）	とろきぼし	オリオン座頭部	オリオン座λ星
参（しん）	からすきぼし	オリオン座	オリオン座δ星
●南方七宿　朱雀			
井（せい）	ちちりぼし	ふたご座南西部	ふたご座μ星
鬼（き）	たまをのぼし	かに座中央部	かに座θ星
柳（りゅう）	ぬりこぼし	うみへび座頭部	うみへび座δ星
星（い）	ほとをりぼし	うみへび座α～ι星	うみへび座α星
張（ちょう）	ちりこぼし	うみへび座中央部	うみへび座υ星
翼（よく）	たすきぼし	うみへび座～コップ座	コップ座α星
軫（しん）	みつかけぼし	からす座	からす座γ星

※距星とは，それぞれの宿の西端の比較的明るい星．その距星から東隣の宿の距星までが宿の範囲．

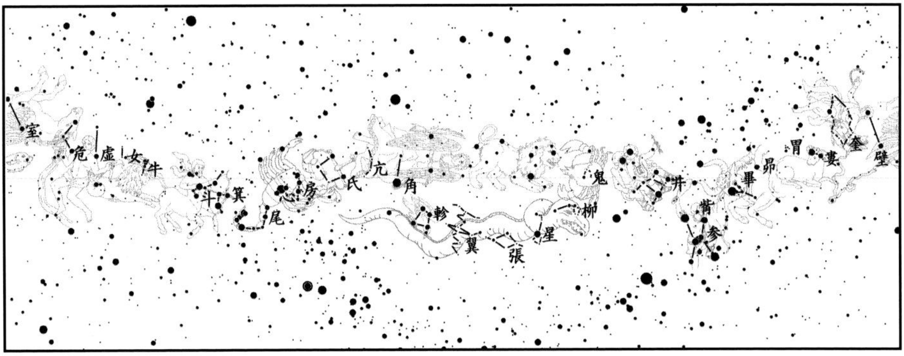

あとがき

今日，「はやぶさ」の元プロジェクトマネージャー川口淳一郎先生の講演をお聴きした．あれから2年という月日が過ぎようとしているのに，「はやぶさ」をわが子のように愛している川口先生のさりげなさの中にしっかりと情熱を込めた生の声に揺すぶられ，再びあの感動がよみがえり，胸が熱くなった．そして，勇気と希望を改めていただくことができた．

本書にも「はやぶさ」のことを少しだけ書かせていただいたが，こんな素晴らしい快挙を成し遂げた川口先生をはじめとするJAXAのスタッフの方々，それに関わった数多くの人たち，そして感動を共有した私たち．これはまぎれもなく日本の誇りであり自信のはず．

なのに，今の日本を見渡すと，誇りも自信も穴のあいた風船のようにしぼんでしまっているような気がしてならない．その原因は忙しさにあるのだと思う．ネット社会となり，私たちは，瞬時に世界とつながり，ありとあらゆる情報を目の当たりにできるというかつてない便利さを手に入れた．その半面世界は小さくなり，太古から刻み込まれてきた体内時計より，はるかに早く時が流れるようになってしまった．その早さに順応できる人はいいが，大半の人は，ただ押し流されるだけでゆっくり考えることもままならない．そして心は自然からどんどんかけ離れ，身も心も疲弊してしまったのだろう．

先人は，自然の中で自然とともにゆっくり生きて，深く考えそこから多くのものを学んできた．今，私たちに必要なことはまさにそれではないだろうか．勇気を持って立ち止まり，深く考える想像力．想像力があれば，夢も見られるし希望もわいてくる．そして自信も生まれるはずだ．そのために，まず心の故郷である星空を見上げることから始めよう．

「はやぶさ君」の快挙に感動して涙するだけでは，「はやぶさ君」に申し訳ない．星空を見上げ，想像力をたくましくして，夢や希望を創造する力を養って，誇りと自信を持とう．

さて，本書は歴史的な記述が多く十分注意したが，私の思い込みや勘違いしているところもあるかもしれない．もし気が付かれたら，お知らせ願いたい．

最後になりましたが，本書を世に出すにあたり，天体写真その他で仲間として協力をいただいた谷川正夫氏に心よりお礼を申し上げます．また，編集の労をとってくださった飯塚氏，さらに地人書館のスタッフのみなさん，レイアウトをしてくださった久藤氏に深く感謝する次第です．

2012年4月1日　「はやぶさ君」に想いを馳せながら　浅田英夫

人と宇宙が紡ぐ風物詩

誰でも楽しめる星の歳時記

2012年5月25日　初版発行
著　者　浅田英夫
発行者　上條　宰
発行所　株式会社地人書館
〒162-0835　東京都新宿区中町15
TEL 03-3235-4422
FAX 03-3235-8984
郵便振替　00160-6-1532
E-mail：chijinshokan@nifty.com
URL：http://www.chijinshokan.co.jp

印刷所　モリモト印刷
製本所　イマヰ製本

ISBN978-4-8052-0850-2　C0044

地人書館の天文書

誰でも写せる星の写真

―携帯・デジカメ天体撮影―
谷川正夫 著／A5判／144頁／1890円
ISBN978-4-8052-0833-5

本書は初心者向けに天体の撮影法を解説した本である．使用するカメラも，今や多くの人が持っているカメラ付携帯やコンパクトデジカメ，安価なデジタル一眼レフに限定し，最も簡単な手持ち撮影から三脚を使った固定撮影，望遠鏡を使った拡大撮影まで紹介．誰もが気軽に夕焼けや朝焼けの空に浮かぶ月・惑星や，月面・惑星のアップ，星空を写すための方法を解説する．

誰でも使える天体望遠鏡

―あなたを星空へいざなう―
浅田英夫 著／A5判／144頁／1890円
ISBN978-4-8052-0835-9

本書は初心者向けに天体望遠鏡の選び方と使い方を解説した本である．取り上げる望遠鏡も，主に大手カメラ量販店や望遠鏡ショップなどで入手できる安価な口径8cmクラスの屈折経緯台に限定．特に望遠鏡の選び方に重点を置いて解説し，失敗しない望遠鏡の買い方や，望遠鏡の組み立て方，望遠鏡で気軽に月・惑星や太陽面，明るい星雲星団を観望するための方法を解説する．

誰でも探せる星座

―1等星からたどる―
浅田英夫 著／A5判／144頁／1890円
ISBN978-4-8052-0840-3

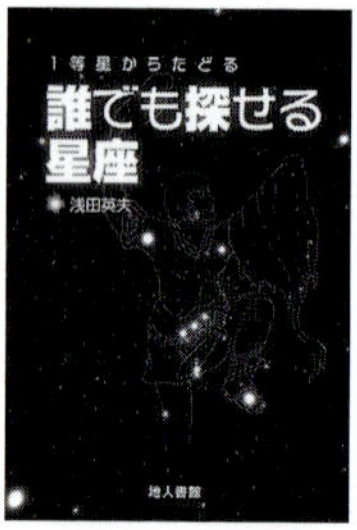

本書は，実際に星空を見上げて星座を見つけるのは初めてというまったくの初心者向けに，やさしい星座の探し方を解説した本である．探し方も，誰でも見つけやすい1等星を持つ星座から，まわりにある星座を見つけていくというユニークな方法をとったことが大きな特徴だ．また，星座の市街地での見え方と山間地での見え方の違いを図示したのも，類書にはない特徴といえる．

誰でも見つかる南十字星

―南天星空ガイド―
谷川正夫 著／A5判／144頁／1890円
ISBN978-4-8052-0847-2

本書は，日本では沖縄以南，海外ではハワイ以南の島々や南半球の国々を旅行する人向けに，有名な南十字星の見つけ方を解説した本である．南十字星を見たいと思う人は大変多いが，初めて南の島や南半球の国を旅行する人にとって，南十字星は意外と見つけにくいもの．そこで本書では，島別，国別にわかりやすくシミュレーションした星図付きで，南十字星の簡単な見つけ方をガイドする．

●ご注文は全国の書店，あるいは直接小社まで（価格は消費税込）

（株）地人書館

〒162-0835 東京都 新宿区 中町 15番地
Tel.03-3235-4422　Fax.03-3235-8984
E-mail：chijinshokan@nifty.com　URL：http://www.chijinshokan.co.jp/